The Home Butchershop : 생식,
내 작은 육식 동물들을 위한 만찬

———————————————— 소문난 생식 맛집의 비법 공유서

The House Patchworkshop 생식,
내 작은 육식 동물들을 위한 만찬

초판 1쇄 인쇄 2020년 3월 4일
초판 3쇄 발행 2022년 3월 22일

지은이	코스믹라테
발행인	임충배
홍보/마케팅	양경자
편집	김민수
디자인	정은진
펴낸곳	도서출판 삼육오 (PUB.365)
제작	(주)피앤엠123

출판신고 2014년 4월 3일
등록번호 제406-2014-000035호

경기도 파주시 산남로 183-25
TEL 031-946-3196 / FAX 031-946-3171
홈페이지 www.pub365.co.kr

ISBN 979-11-90101-29-5 13490
© 2020 코스믹라테 & PUB.365

The Home Butchershop : 생식,
내 작은 육식 동물들을 위한 만찬
———————————————— 소문난 생식 맛집의 비법 공유서

여행을 시작하기에 앞서

안녕하세요, 여러분. 코스믹라테예요.

이미 저를 아는 분들도 계실 거고, 이 책을 통해 처음 접하는 분도 계실 거예요. 모쪼록 모두 잘 부탁드려요.

저는 중국 상해에서 고양이 여섯 마리와 더불어 살고 있는 집사예요. 저희 아이들 모두 자묘 시절부터 현재까지 생식을 먹어왔어요. 그 경험과 노하우를 여러분과 나누고자 이 책을 쓰게 되었어요. 그래서 이 책은 개 고양이 생식의 모든 정보를 집대성한 백과사전이 되기보다는, 여러분 모두가 '생식을 어렵게만 생각하지 말고, 기초부터 제대로 닦으며 접근해 보자!'라는 마음을 갖는 것을 목표로 삼으려고 해요.

저 또한 반려인으로서 생식을 처음 시작하려고 마음먹었을 때, 정보는 제한적이고 영양학에 대한 기본적인 지식도 부족했으며 도구나 재료에 대한 접근도 어려웠기 때문에 고생을 많이 했어요. 지금은 제가 생식을 처음 시작했던 시기보다는 많은 정보를 쉽게 접할 수 있고 재료나 도구를 구하기도 쉬워져서 생식을 하기 좋아졌다고 느끼고 있어요. 또 SNS 등이 활발해지

며 해외의 반려동물 식이 트렌드를 접할 기회가 늘어서 그런지, 생식에 대해 관심을 가지는 반려인의 인구도 증가하고 있다는 생각도 들고요.

저는 '가짜 사료' 등의 문제가 있는 중국에 거주하기 때문에 아이들의 먹거리에 대한 근본적인 고민이 있었어요. 그래서 생식을 선택하게 된 것은 어쩌면 당연한 일이었다는 생각이 들어요. 하지만 요즘도 매주 7~8kg씩 되는 생식을 만들고 있자면 '누군가 나에게 생식의 길이 이렇게 고행이라는 것을 그때 알려주었더라면 난 생식을 시도하지 않았을 거라고!!' 하며 울부짖을 때도 있어요. 그만큼 반려동물 홈메이드 생식이라는 것은 어쩌면 반려인과 반려동물 모두에게 쉽지 않은 길인 것 같아요.

반려동물 생식을 하는 반려인들은 흔히 '입구는 있되, 출구는 없다'라는 말을 하곤 해요. 생식의 장점 같은 것들을 듣다 보면 곧 동화되어 시도하고 싶은 마음이 들게 되거든요. 그리고 주먹구구로라도 생식을 만들어서 급여하게 된 후 아이들의 긍정적인 변화를 확인하게 되면, 생식을 그만두기 어렵게 되고요. 그러나 시작은 쉬웠어도 그걸 유지해 나가는 게 꽤 힘들다는

여행을 시작하기에 앞서

생각을 많이 하고는 하죠. 반려동물 영양학에 대한 것도 그렇고, 보조제나 재료의 선택도 그렇고, 비용도 그렇고… 반려인들을 한 번쯤 고민에 빠지게 하는 요소들이 속속 등장하게 돼요.

그러나 이렇게 많은 어려움에도 생식의 힘에 대해 느낀 반려인들은 민서기에 자신의 뼈를 갈아 넣는 심정으로 아무리 힘들어도 생식을 만들게 되죠. 저만 해도 허리 디스크에 심한 독감으로 제 끼니는 걸러도 아이들 밥은 어떻게든 만들고 있으니까요. 아이들의 밥에 대해서는, 밥을 한 끼만 굶어도 죽는 줄 아는 옛날 우리네 어머니의 마음이 되고는 해요. 여러분도 이 책을 통해 생식에 입문하고 아이들에게 나타나는 긍정적인 효과를 느낀다면 아마 제가 이야기한 '입구는 있지만, 출구는 없다'라는 말의 의미가 무엇인지 깨닫게 될 거예요.

우리는 흔히 먹거리가 우리 삶에 매우 중요한 요소라고 이야기해요. 그건 먹는 것이 건강과 직결되고 삶의 낙 중에 대부분을 차지한다 할 수 있는 우리 아이들에게도 마찬가지겠죠. 이렇게 아이들의 먹거리를 변화시키고 가

정에서 만들어 급여하는 것은 어쩌면 반려인과 아이들이 함께 떠나는 아주 긴 여행이라는 생각이 들어요. 먹거리는 우리 아이들의 평생 동안 반려인들이 돌보며 책임져야 하는 것이니까요.

그래서 생식의 바른길을 찾아 떠나는 여행의 시작으로 이 책의 컨셉을 잡고 출발하려고 해요. 분명 그 시작은 힘들고 어려울 수 있겠지만, 아이들과 함께 하는 이 긴 여행길에 결국 웃음 짓게 될 거예요. 아무리 힘들어도 내가 만든 밥을 먹은 내 아이들이 건강하고 활력이 있는 것만큼 보람된 일은 없을 테니까요.

그러니 저와 어려운 그 첫걸음을 함께 떼어 볼 용기를 낼 수 있게 되기를 바랄게요. 저의 경험과 노하우가 여러분에게 도움이 될 수 있도록 잘 안내할게요. 비록 미숙한 가이드일 수 있겠지만, 서로 다독여가며, 겁먹지 말고 함께 즐겁게 출발하도록 해요!

목차

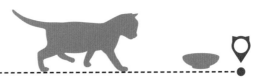

NAME 미노루

BIRTHDAY 2013년 2월생 추정

BREED 중국 도메스틱 숏

너무 사랑하는 저희 집의 첫째예요. 2013년부터 생식을 먹어왔어요.

당시 낯 놓고 기역자를 모르듯, 고양이를 앞에 두고도 아무것도 몰랐던 저는 골골골 노래를 부르는 미노루를 보고 '에어컨 때문에 감기에 걸린 건가?' 싶어 검색을 할 정도였어요.

미노루를 구조한 후 약 3개월 정도는 건사료 여러 가지를 다양하게 돌려 먹였어요. 그러다 제가 생식에 대해 알게 된 후 약 8개월령 정도부터 생식을 먹게 되었어요. 제가 단호하게 생식 외에는 주지 않자 억지로 먹고 제 품에서 눈물을 찔끔찔끔 흘리기도 했어요.

지금은 생식에 완전히 적응해서 어떤 육류로 만들어주든 일단 입에 넣고 보는 편이에요. 그래도 집에서 만든 생식보다는 짭조름하고 꾸리꾸리한 냄새가 나는 습식을 더 좋아하기는 해요.

겉으로 보기에는 군살이 없어 보여도 다른 형제들의 밥까지 뺏어 먹을 정도로 식욕이 왕성한 아이라 몸무게가 6.5kg이 넘어요. 군살이 없어 보이는 만큼 근육질이기도 하고요.

홈메이드식과 생식 그리고 상업 사료

✈ -

홈메이드식과 생식이란 무엇일까?

우리가 생식을 시작하기에 앞서 홈메이드식이나 생식, 화식, 자연식 등과 같은 용어의 차이에 대해 이해하는 과정이 필요할 것 같아요. 사실 이런 용어들의 정의를 알아야만 생식을 시작할 수 있는 건 아니지만, 그래도 미묘한 차이 같은 것들을 이해하게 된다면 각 방식들을 손쉽게 분류해서 선택할 수 있게 될 거예요.

먼저 홈메이드식이란 개와 고양이에게 상업적으로 판매되는 건식 또는 습식 사료를 급여하지 않고 가정에서 만든 식이를 급여하는 것을 의미해요. 정확히는 홈 프리페어드식(Home Prepared Diets: HPDs)이라고 해요.
홈메이드식은 크게 식재료를 조리(cooked)해서 급여하는 화식과 조리하지 않은 상태(raw) 그대로 급여하는 생식으로 구분할 수 있어요.

화식

뼈를 제외한 육류, 곡류 및 채소 등의 식재료를 각각 소화가 잘되는 방식으로 삶거나 찌거나 볶거나 구워서 급여하는 것

❀ 생식

조리 과정을 거치지 않은 생육, 채소 및 과일 등의 식재료를 그대로 갈거나 자르는 등의 방법으로 손질해서 급여하는 것

또한 홈메이드식인 화식과 생식은 영양소를 공급하는 방식에 따라 크게 두 가지로 구분할 수 있어요.

자연식

순수하게 식재료만으로 반려동물에게 필요한 영양 구성을 맞추는 것
(단, 일부 수용성 비타민 및 피쉬오일 등은 보조제로 사용함)

영양제식

사용하는 식재료 만으로는 보충하기 어려운 영양소를 보조제를 통해 맞춰서 급여하는 것

그리고 급여하는 재료의 상태 및 방식에 따라 구분하는 관점도 있는데 아래와 같이 크게 두 가지로 분류할 수 있어요.

• BARF(Biologically Appropriate Raw Food)식   개와 고양이가 육식 동물이라는 전제하에 가장 알맞은 형태로 식이를 급여하는 방식을 의미해요. 현재 생식을 급여하는 가장 대중적인 방식이기도 하고요. 육류 및 내장류에 곡물, 채소, 과일 등을 혼합하여 급여해요. 보통은 재료들을 모두 다지거나 갈아서 급여하는 방식을 통칭하기도 해요. 식재료만으로는 부족한 영양소를 보조제를 사용하여 맞춰요.

• PMR(Prey Model Raw)식　　보통은 간단하게 프레이식이라고 불러요. 단어 그대로 먹이가 가진 형태를 변형시키지 않고 그대로 급여하는 것을 의미해요. 따라서 뼈가 붙어 있는 육류를 갈거나 잘게 쪼개지 않고 그대로 급여해요. 또 급여하는 재료에 있어서 개와 고양이 같은 육식 동물의 먹이가 되는 대상은 곤충이나 소동물이기 때문에 채소나 과일을 따로 급여하지 않으며, 보조제를 사용하지 않는다는 특징이 있어요.

프레이식은 다시 다음과 같이 구분돼요.

프랑켄식 : 자르거나 다지지는 않지만, 깃털이나 껍질을 제거한 생육과 뼈 및
　　　　　깬 생달걀을 급여하는 것

홀(whole)식 : 동물의 깃털 및 껍질을 제거하지 않고, 달걀 또한 껍데기 채로
　　　　　급여하는 것

홈메이드식의 정의를 파악하거나 분류하는 데에 도움이 됐나요? 막연하게 생고기나 채소를 급여하기 때문에 '생식'이라고 생각했던 HPDs에 많은 분류가 있고, 각각의 특성이 있구나! 하고 놀랐나요? 아니면 '생식'을 하려고 하는 사람으로서 이 정도 이론은 기본으로 알고 있었지! 했을까요? 부디 어떤 분들에게나 도움이 되는 분류와 정의가 되었기를 희망해요.

그럼 이제 HPDs 및 생식에 대한 기본적인 의미의 이해 및 분류가 되셨다면 우리가 홈메이드식을 해야 하는 이유에 대해 함께 생각해 보도록 해요.

COSMICLATTE'S 코멘트

화식은 사람이 식사를 매일 준비하듯이 준비할 수 있다는 장점이 있어요. 반려인들이 그날그날 먹으려고 준비한 식재료를 같이 사용할 수도 있고, 사람의 음식과 함께 만들면서 개나 고양이가 섭취하면 안 되는 재료들을 빼고 비슷하게 만들어 볼 수도 있어요.

일요일 아침 느긋하게 브런치를 만들어 함께 먹는 그런 그림! 생각만으로도 멋지죠. 그런 면에서 재료의 사용이나 신선도에 장점이 있다고 할 수 있겠죠. 그러나 매일매일 적은 양을 만들어서 급여하기에는 영양 균형을 맞추기가 쉽지 않고 시간이 많이 걸린다는 단점이 있어요. 또 단백질의 경화로 인한 흡수율이 떨어질 수 있다는 부분도 단점일 수 있고요.

반면 생식은 보통 벌크 형태로 2주분 이상씩 대량으로 만들기 때문에 단위가 커서 영양 보충을 위한 보조제를 사용하기 편하고, 한번 만들어 두면 냉동실에서 보관하며 해동을 거쳐 급여하면 되기 때문에 전체적으로 봤을 때 간편하며 시간이 절약된다는 장점이 있어요.

생식과 화식에 대한 기호도 차이는 개 고양이에 따라 개체 차이가 있기 때문에 단언하기는 어려워요. 다만 저희 아이들의 경우 여섯 모두 화식에 비해 생식의 기호도가 더 좋아요. 그러나 화식을 만들 때 먹기 40분 이전부터 향을 풍겨주면 기호도가 올라간다는 데이터도 있으니, 화식을 할 때에는 이런 방법도 한번 시도해 보면 좋을 것 같아요.

왜 생식을 해야 하는 걸까?

앞선 챕터에서 HPDs 및 생식의 급여 방식에 따른 종류에 대해 자세히 알아본 만큼 이제는 HPDs를 포함하여 생식의 장점들을 살펴보고자 해요. 상업 사료에 비해 좋을 거라는 막연한 인식보다 어떤 점이 좋은지 확인한다면, 생식을 해야 하는 이유들을 더 명확하게 정리할 수 있을 테니까요.

❀ 신선한 재료를 선택하고 영양 균형을 스스로 맞추어 급여할 수 있다.

우리는 반려동물에게 외국에서 수입되어 온 사료들을 많이 급여하고 있죠. 아무래도 아직까지는 국내산 사료의 영양 균형에 대한 의구심도 있고, 원료의 신선도 등을 생각했을 때 북미나 호주 등과 같은 청정 지역에서 재배한 재료를 사용한 제품들을 선택하게 되는 것이 그 이유인 것 같아요.

그러나 유럽이나 북미도 반려동물 사료의 영양 구성에 대한 가이드라인을 제시하는 기구는 있지만, 사료 자체의 성분을 검사해서 영양이 기준치에 미달했을 때 법적으로 규제하는 기구는 없어요.

사료용으로 사용해서는 안 되는 재료를 넣어서 만들어도, 영양 구성이나 보조제를 과용했어도 제재받지 않아요. 출시된 이후 FDA나 자가 검열을 통해 과용이 문제가 되는 영양소의 함량이 높아 리콜이 실시되는 경우는 간혹 있지만, 이는 사전 검사라고 하기 어렵기 때문에 막상 피해가 발생한 이후에 리콜이 되는 사례들이 많아요.

이런 연유로 우리는 2007년 북미 사료의 대규모 리콜 사태를 겪게 되었죠. 오염된 원료로 만들어진 상업 사료가 그동안 수천 마리에 달하는 반려동물들을 질병 또는 죽음에 이르게 했고, 이것이 밝혀지며 6,000여만 개에 이르는 상업용 습건식 사료들이 리콜되었어요.

이 사태를 통해 반려인들은 그간 반려동물의 사료가 사람이 섭취할 수 없는 오염된 육류와 깃털, 부리 및 발톱과 같이 영양적 가치가 없는 부위들, 심지어는 로드킬을 당한 동물의 사체까지 재료로 사용하고 있었다는 것도 알게 되었죠.

대규모 사료 리콜 사태를 겪은 반려인들은 더 이상 상업 사료 회사의 광고나 사료 레이블에 속지 않고, 내 반려동물에게 급여할 식재료를 스스로 통제하고 관리할 수 있기를 바라게 되었어요.

따라서 2007년의 대규모 상업 사료 리콜 사태는 상업 사료 시장 내에서도 원료 및 구성을 전면 재고하는 터닝 포인트가 되었지만, 반려인들 입장에서도 홈메이드식의 재고 및 실행을 가속화하는 스타팅 포인트가 되었다고 할 수 있어요.

그리하여 신선하고 건강한 재료를 스스로 선택하고 사용하면서 영양적인 밸런스를 맞출 수 있는 방법이 무엇일까에 대한 근본적인 고민을 시작하게 되었죠.

그런 면에서 홈메이드식은 사람이 먹을 수 있는 등급의 신선한 재료를 반려인 스스로 선택하여 급여할 수 있다는 점, 반려인 스스로 영양소의 과부족 등을 통제할 수 있다는 점이 부각되기 시작했어요.

일반적인 상업 사료들은 익스트루전(extrusion)이라고 불리는 고온 압축의 공정 과정을 거쳐요. 이는 재료들을 한 통에 넣고 220~270℃에서 오랫동안 가열하는 것을 의미해요. 상업 사료들의 특성상 오래도록 보관이 가능해야 하므로 식품 속의 박테리아나 바이러스 등을 사멸시키기 위해서 이런 과정이 필요한 거죠.

이렇게 고온에서 조리하게 되면 지방 및 지용성 화합물 등이 위로 뜨게 되는데, 이를 걷어 내고 탈수한 것을 밀(meal)이라고 불러요. 아마 사료의 레이블을 확인할 때 치킨밀이나 육류밀이라는 단어로 많이 접했을 거예요. 이런 종류의 밀은 지방 화합물을 걷어내는 과정을 통해 필수 지방산 및 지용성 비타민이 제거되고, 열에 약한 수용성 비타민, 효소, 유익균 또한 모두 제거돼요.

보통 식재료들에는 그 식재료를 소화시킬 때 필요한 효소들이 포함되어 있어요. 채소에는 식물성 소화 효소가, 육류에는 동물성 소화 효소가 포함되어 있어 섭취 시 소화가 용이하도록 도와주죠.

그런데 이런 소화 효소들은 동물의 체내에 들어왔을 때 가장 활성화되는 특성이 있고 40℃를 초과한 온도에서는 파괴돼요. 따라서 익스트루전을 통하게 되면 대부분의 효소들 또한 파괴되는데 반해, 조리를 하지 않고 급여하는 생식은 이런 효소들의 파괴를 최소화할 수 있다는 장점이 있어요. 이는 열에 민감한 수용성 비타민이나 유익균의 보존에 있어서도 마찬가지라고 할 수 있고요.

❀ 건조한 사료에 비해 수분 공급률을 높여 하부 요로계 질환을 예방할 수 있다.

고온 압출이라는 방식을 통해 만들어진 건사료는 반려 생활의 편의를 제공했어요. 보관 기간이 1년 이상이나 되는 건사료들은 언제든 구입만 해두면 뜯어서 밥그릇에 부어주는 것만으로 '식이의 급여'라는 반려 생활에서 가장 중요한 일이자 어찌 보면 귀찮은 일을 단순화할 수 있게 해 주었죠.

그러나 건사료는 원래 개나 고양이들이 자연에서 섭취하던 식이와는 달리 수분이 매우 부족하다는 특징이 있었고, 결국 건사료를 섭취하는 수많은 개와 고양이들에게 수분 섭취 부족이라는 고질적인 문제를 만들었어요. 또 이런 수분 섭취의 부족은 하부 요로계 질환을 일으키는 원인이 되기도 했고요.

물론 건사료를 섭취하는 개와 고양이가 적정한 음수량을 가지고 있다면 건사료 자체가 하부요로계 질환을 일으키는 원인이라 단정 지을 수는 없겠지만, 건사료를 섭취하는 아이들이 충분한 수분을 섭취하지 않을 때 이런 문제가 나타나요.

특히 사막에서 내려와 반려동물화된 고양이의 경우 수분의 재흡수율이나 소변의 농축률이 높기 때문에 스스로 '목이 마르다'라는 느낌을 잘 받지 못하고 참아내는 경향이 있어 더 많은 문제가 발생하기도 하고요.

반면에 생식은 개나 고양이가 자연 상태에서 섭취하는 식이와 가장 비슷한 형태를 가지고 있다고 볼 수 있어요. 섭취만으로도 체내 수분 평형을 이룰 수 있을 정도로 충분한 수분이 함유*되어있고, 육식동물에게 가장 중요한 영양소인 단백질 및 비타민, 유익균, 효소 등을 파괴 없이 전달할 수 있다는 면에서 가장 '종에 적합한' 식이라고 인식되고 있어요.

*건강한 반려동물이라면 밥에 68% 이상의 수분만 포함되어 있어도 수분 평형을 유지 할 수 있대요(NRC 2006). 그런데 보통의 생식은 수분이 70% 이상이라는 사실!

TIP

❦ 흡수율이 95% 이상으로 영양을 최대한 흡수시키고, 배설물의 질을 개선하며 활동력을 증가시킬 수 있다.

고양이는 의무적인 육식동물, 개는 선택적인(청소꾼) 육식동물임을 감안한다면 단백질이 가장 주요한 영양원이자 에너지원이라고 할 수 있어요. 화식은 뼈를 제외한 것들을 조리해서 급여하는 형태인데, 조리를 통하게 되면 단백질의 50% 이상이 경화돼요(출처: 독일 막스플랑크 연구소). 그리고 경화된 단백질은 흡수율이 떨어지게 되고요.

따라서 육식 동물에게 단백질을 급여하는 이상적인 방법은 조리를 통하지 않은 생육을 급여하는 것이라 할 수 있어요. 필요한 영양분을 최대한 흡수하여 활용할 수 있으니 활동력이 상승하는 것은 부가적으로 따라오는 긍정적인 현상이고요.

또, 영양분이 최대한 흡수된다는 의미는 반대로 노폐물의 양은 줄어든다는 것이 되겠죠. 따라서 노폐물이 체내로부터 빠져나가는 통로라 할 수 있는 배설물의 양이 줄어들고, 배설물의 냄새나 점도와 같은 질 또한 개선돼요.

저 또한 생식을 급여하다 가끔 상업 사료를 급여하게 되면 대변의 냄새 때문에 골머리를 앓을 정도라 이 부분은 정말 절실히 공감하게 되네요.

❦ 레시피를 유동적으로 구성할 수 있기 때문에 질병에 따른 처방식이 가능하다.

흔히 식이 조정이 불가피한 질병을 앓고 있는 경우 우리는 처방식이라고 이름 붙여진 상업 사료들을 급여하고는 해요. 그러나 처방식이라고 하기에는 별도의 처방전도 없기 때문에 그 이름이 무색한 상황이죠.

또 질병에 따라 특정한 영양소를 제한해야 하기 때문에 재료의 구성이 미비하게 될 수밖에 없고, 이를 통해 다른 영양소들의 함량까지도 영향을 받게 되어 영양적으로 불충분한 상태인 경우가 나타나기도 해요.

HPDs의 경우 재료들을 유동적으로 구성할 수 있기 때문에 특정한 영양소를 반려인 스스로 급여 최소량까지 탄력적으로 조율할 수 있어요. 그리고 '제한할 필요가 없는 영양소'나 '질병으로 인해 필요량이 증가하는 영양소'에 대해서도 양을 조절하여 제작할 수 있어 질병에 최적화된 식이를 구성할 수 있다는 장점이 있어요. 물론 재료들을 통해 특정한 영양소를 통제하며 균형적인 식이를 만들기에는 반려인의 노력이 많이 필요하기는 하겠지만, 저는 기본적으로 '질병에 처한 내 아이의 안녕을 위해서라면'이라는 마인드를 가진 반려인만큼은 못해낼 것이 없다고 생각하는 사람이에요.

반려동물 영양 및 내 아이에게 맞는 처방식 레시피를 작성하는 것은 어려울 수 있지만 이렇게 정상적인 식이에 대한 재고부터 충실히 한다면 극복하지 못할 일은 아닐 거예요.

🐾 상업 사료에 포함될 수 있는 질 낮은 비타민과 미네랄, 보존제 등을 급여하지 않음으로써 염증성 질환 및 장 질환을 개선시킬 수 있다. 이는 전반적인 면역과도 관련이 있어 전신성 질환 또한 개선시킬 여지가 있다.

앞서 이야기했던 대로 상업 사료는 고온 압출이라는 공정 방식을 거치며 많은 필수 영양소들이 파괴돼요. 그걸 보충하기 위해 비타민, 지방산, 아미노산 및 미네랄 보충제 등을 사용하게 되고요.

아마 사료 레이블의 뒤쪽으로 갈수록 영양소 보충제의 목록이 쭉 나열된 것을 본 적이 있을 거예요. 그건 식재료만으로는 영양소가 충족되지 않아서 보충제를 사용하여 권장량을 충족시킬 수밖에 없었기 때문이라고 보면 돼요.

그런데 이러한 보충제들을 중국산이나 인도산인 덤핑이나 퀄리티가 낮은 등급의 제품을 사용하면 장벽에 영향을 주고 염증이 유발될 가능성이 있어요. 이런 이유로 IBD와 같이 염증으로 인한 장 질환을 앓고 있는 경우, 생식을 급여하면 상태가 극적으로 개선되는 사례가 있기도 해요. 이는 이런 불순물 및 염증을 유발할 수 있는 물질들이 제거됨으로써 나타나는 결과라 볼 수 있어요.

　또한, 당장 질환을 보이지 않는다고 해도 일부 보전제의 경우 체내에서 제대로 배출이 되지 않고 축적되어 IBD 혹은 알러지와 같은 관련 질환이 발병되는 원인이 되기도 해요. 따라서 이러한 물질들의 축적을 방지하는 것이 질환의 발병을 예방하는 첫걸음이라 할 수 있어요.

　이렇게 다양한 측면에서 알아본 생식의 장점들은 반려동물의 건강 전반에 영향을 주는 것들과 직접 혹은 간접적으로 관련이 있는 것들이에요. 물론 생식의 단점들 또한 존재해요. 영양 균형을 맞추는 것이 모두 반려인의 몫이라든가, 식이를 반려인 스스로 만들어야 해서 품이 든다든가 하는 이런 단점들은 어쩌면 모두 반려인의 노력과 관련된 것들이라고 할 수 있어요.

　대신 이런 단점들에도 불구하고 생식을 급여하고 놀라울 정도로 변화된 아이들의 모습을 확인할 수 있게 된다면, 매일 '어떻게 하면 균형적이고 맛있는 밥을 만들어 줄 수 있을까'하며 행복한 고민을 할 수도 있을 거예요.

episode

토라

저는 우리 집에 처음 왔을 때, 곰팡이성 피부염(링웜)을 앓고 있었대요. 누나가 늘 이야기하는데, 겨울이라 목욕도 힘들어서 약욕도 딱 한 번밖에 못 했다고 해요. 소독도 2~3번 정도만 했다는데, 생식을 와구와구 먹었더니 다 나았어요. 집에 오기 전 격리되어 있어서 외로웠던 저는 합사 때문에 가끔 만나는 고양이 형아들이랑 누나에게 얼굴을 마구 비볐는데 그걸로 다들 옮기도 했대요. 그런데 고양이 형아 누나는 생식만 먹고도 잘 나았대요. 생식을 먹지 않아 집에서 면역력이 제일 없었던 사람 누나 혼자서만 한 달 가까이 앓으며 간지러워서 괴로워했다는 슬픈 이야기가 전해져 내려와요.

memo

소문난 생식 맛집의 비법 공유서

Travel. 3

상업 사료에 대한 우려는 어떤 것들이 있을까?

생식을 급여해야 하는 이유나 장점을 살펴볼 때, 상업 사료에 관한 문제들이 비교되며 많이 거론되었죠. 그런 만큼 상업 사료는 대체 어떤 상태이고, 우려점들은 어떤 것들이 있는지 알아보는 과정 또한 필요할 것 같아요. 그래서 사료가 가진 우려점들을 생식과 연계하여 이해한다면 생식의 장점이나 필요성 또한 더욱 와 닿을 수 있을 것으로 생각하고요.

사료의 가장 큰 우려점은 역시나 원료 및 그 원료의 퀄리티라고 할 수 있어요. 아무래도 직접 눈으로 원료를 확인하기 어려운 데다 고온 압출이라는 특유의 제조 과정을 겪으면서 원료의 추정 또한 어렵기 때문이죠. 그럼 사료 속에 들어 있는, 반려인의 입장에서는 우려스러운 성분들에 대해 하나하나 살펴보도록 할게요.

🐾 곡물

곡물은 상업 사료의 다른 원료들에 비해 큰 우려점이라고는 할 수 없겠지만, 육식 동물들에게는 문제가 될 소지가 있어요. 아무래도 고양이와 같은 의무적인 육

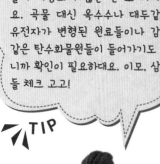

TIP

개와 고양이는 탄수화물에 대한 생물학적 요구량이 '0' 이래요. 렌이는 고기가 너무 좋아요! 곡물이 나쁜 영향을 끼치기도 해서 'Grain free' 사료가 나오기도 했대요. 그런데 곡물이 없다고 해서 탄수화물이 사용되지 않은 건 또 아니래요. 곡물 대신 옥수수나 대두같이 유전자가 변형된 원료들이나 감자 같은 탄수화물원들이 들어가기도 하니까 확인이 필요하대요. 이모, 삼촌들 체크 고고!

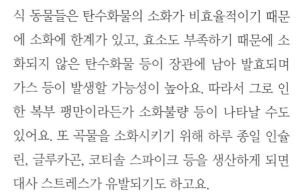

식 동물들은 탄수화물의 소화가 비효율적이기 때문에 소화에 한계가 있고, 효소도 부족하기 때문에 소화되지 않은 탄수화물 등이 장관에 남아 발효되며 가스 등이 발생할 가능성이 높아요. 따라서 그로 인한 복부 팽만이라든가 소화불량 등이 나타날 수도 있어요. 또 곡물을 소화시키기 위해 하루 종일 인슐린, 글루카곤, 코티솔 스파이크 등을 생산하게 되면 대사 스트레스가 유발되기도 하고요.

개는 고양이에 비해 탄수화물의 대사율이 높기는 하지만, 개 또한 탄수화물 요구량은 0이에요. 따라서 너무 과한 탄수화물은 개에게도 고양이와 비슷한 소화 및 대사 문제를 일으킬 가능성이 있어요.

또한 다량의 곡물을 포함하는 사료의 경우 아플라톡신과 같은 곡물 유래의 곰팡이 독소에 감염될 위험 또한 존재해요. 사실상 사료에 곡물을 사용하는 것은 개나 고양이의 영양 요구에 의한 것이 아닌, 육류에 비해 비교적 값이 저렴한 충전제를 사용하는 방법으로 볼 수 있어요.

아무래도 신선한 육류를 많이 사용하다 보면 그만큼 사료의 가격이 상승하게 되는데, 사실 사료가 가지는 가격에 한계가 있으니까요. 또 사료의 모양을 형성할 때에는 재료들을 뭉쳐줄 수 있는 것이 필요한데, 그게 곡물이에요.

우리가 흔히 사람 요리에서도 밀가루나 전분 같은 요소를 통해 재료들을 뭉쳐서 모양을 만드는 것을 생각해 보면 이해가 쉬울 거예요. 따라서 곡물은 이

런 부가적인 측면을 위해 사료에 함유된 것일 뿐 사실상 개와 고양이의 영양적인
필요성에 의해 함유되었다고 보기는 어려워요.

🐾 육류 밀(meal)타입

앞에서도 한번 언급했지만, 육류밀(meal)이라고 하는 것은 동물의 살이나 뼈,
장기 등을 렌더링 통에 넣고 고온(220℃~270℃)으로 몇 시간씩 가열해서 만든 것
이에요. 이렇게 가열하면 지방 등의 고형제들은 위로 뜨게 되고, 대부분의 박테
리아가 사멸하게 되죠. 이 지방을 걷어낸 상태를 육류밀이라고 불러요.

제조 방법을 듣고 있자면 별문제가 없지 않나 싶지만, 육류밀은 어떤 원료를 사
용해서 만든 것인지 확실히 알 수 없다는 것에 가장 큰 문제점이 있어요. 즉, 동물
의 어떤 부분이든 원료가 될 수 있다는 의미예요.

예를 들어 깃털이나 부리, 발톱 혹은 고기를 싸고 있는 비닐과 같은 포장재도
포함될 때가 있어요. 그리고 다양한 동물권 단체에서 주장하는 바에 의하면 로드
킬 당한 동물의 사체(일부 개나 고양이도 포함됨)가 육류밀로서 가공되고 있는 정
황을 포착하기도 했다고 하여 큰 문제가 되기도 했었죠.

사실 부리나 발톱, 깃털과 같은 것들은 영양적 가치가 '0'인 데다, 박테리아가
대부분 파괴된다는 것은 유해균을 포함하여 유익균도 함께 파괴되는 것을 의미

멜로디

episode

밀타입은 지방도 다 빠져서 맛도 없어요ㅠ_ㅠ 그
래서 매일 언니와 길에서 만날 때에도 멜로디는
생식을 더 좋아했어요. 이모 삼촌들도 고기 먹을
때 마블링 좋아하죠?! 멜로디도 지방이 골고루 있
는 고기가 좋아요>_<

해요. 또한 고온에서 서서히 몇 시간 동안 가열을 하며 만들기 때문에 온도에 민감한 영양소들이 모두 파괴된 상태라고 할 수 있어요. 따라서 육류밀은 원료 및 영양적 가치가 매우 떨어지는 저품질 단백질원이라고 할 수 있어요.

🐾 육류 부산물

육류 부산물은 앞서 언급한 육류밀과도 관련이 있어요. 부산물이라는 것은 특정 육류의 명확하지 않은 성분을 지칭해요.

즉, 깃털, 발굽, 부리 등과 사료의 원료가 되는 동물이 가진 종양 같은 것들까지 모두 '부산물'이라는 단어로 포장될 수 있어요. 사실 모른다면 모를까 알고도 먹이기에는 꺼림칙한 것들의 통칭이라고 할 수 있겠죠.

🐾 합성 미네랄 및 비타민

보통 고온 압출이라는 제조과정을 거쳐 만들어지는 사료는 온도 및 압력에 민감한 영양소들이 대부분 파괴돼요. 앞서 언급했던 밀타입 원료가 그런 결과를 만든다고도 볼 수 있고요. 따라서 영양적으로 권장 프로파일을 맞추기 위해 값이 저렴한 합성 미네랄 및 비타민 보조제들을 사용하게 돼요.

그런데 앞선 챕터에서도 언급했듯이 이런 값이 저렴한 보조제들은 제조 및 유통 과정을 신뢰할 수 없어요. 알리바바 등을 통한 사이트에서 벌크형 제품을 구입하여 사용하는 경우가 많은데, 이 경우 제조 설비나 위생에 문제가 있을 가능성이 커요. 또한 아직 연구 중이기는 하지만 '합성' 보조제의 장기간 사용이 호르몬이나 장기를 변화시켜 동물에게 좋지 않은 결과를 나타낼 거라는 의견들도 있어요.

🐾 보존제

에톡시퀸(Ethoxyquin), BHA, BHT 등과 같은 명칭들은 모두 상업 사료를 보존하기 위해 사용되는 인공 방부제예요. 에톡시퀸의 경우 인간의 식품에는 사용할 수 없지만, 동물의 사료에는 어분(Fishmeal)을 보존하기 위해 사용돼요.

episode

보존제 중에 프로필렌글리콜이라는 것도 있어요. 차에 사용하는 부동액인데, 이걸 반건조형 사료의 형태를 유지하기 위해 넣는다고 해요. 우리 누나도 사료는 아니지만 프로필렌글리콜이 들은 간식(블루버팔로 치킨 트릿)을 샀다 리콜에 걸린 적이 있었대요. 바보 누나는 그 일로 큰 충격을 받고, 간식 만들기 귀찮다며 기성 제품을 샀던 자신을 반성하고 눈물을 질질 흘렸다고 해요.

또 어분을 만드는 제조 시설에 도착하기 전에 추가되기 때문에 사료 레이블에 성분을 표시하지 않는 제조사들도 있어요. BHA는 얼마 전 WHO(세계 보건 기구)에 의해 발암 물질로 규정되어 이를 포함했던 사료들이 큰 이슈가 되기도 했었죠. 이런 보존제들의 문제점은 체내에서 제대로 배출되지 못하고 축적되어 잠재적으로 질병을 유발할 수 있는 인자가 된다는 것이에요.

이렇게 사료에 들어 있는 주재료나 부재료들의 상태에 대해 확인하고 나서 어떤 생각이 드나요? 사실 사료에 이런 것들이 포함되어 있다는 것은 많은 반려인이 이미 알고 있으리라는 생각이 들기도 해요. 그럼에도 불구하고 대체 방법이 없다거나 편의성 때문에 사료를 급여하고 있는 경우도 많을 거고요. 그리고 여기까지 읽어 오면서 '이래서 직접 만들어 먹이는 게 답인데, 영양 밸런스나 방법을 생각하면 그게 쉬운 일도 아니고…'라는 생각을 한 번쯤은 하게 되었을지도 모르겠다는 생각이 들기도 하고요. 그러나 이 책이 쓰인 이유가 여기에 있겠죠. 어렵지만 HPDs의 처음 큰 한 걸음을 디딜 수 있도록 도울게요.

그럼 다음 장부터는 우리 집에서 안전하고 건강한 밥을 만들어 급여할 수 있는 밑거름을 하나씩 쌓을 수 있는 내용을 함께 살펴보도록 할게요.

NAME 렌

BIRTHDAY 2014년 2월 2일

BREED 노르웨이 숲

한국에서 상해로 입양 온 아이예요. 저희 집에 오기 전까지는 주로 건사료를 먹었고요. 2.5개월령에 입양 후 지금까지 생식에 대한 집착을 못 버리는 아이예요.

자묘 시절에는 정말 생식을 만들고 남은 사슴고기의 피를 마구 핥을 정도로 야생인 아이였어요. '정말 고양이의 본능은 생식인가?'라는 걸 온몸으로 느끼게 해주는 아이예요.

노르웨이 숲답게 덩치가 큰 편이고, 그 덩치를 유지하기 위해서 하루에 생식을 200g 이상씩 먹어요. 가리는 것도 없고 알러지도 없는 아이라 늘 제가 만든 홈메이드 생식의 든든한 지원자가 되어주는 아이예요.

선천적으로 매우 약하게 태어났지만, 지금까지 6kg 가까운 덩치를 유지하며 활동력이 뛰어난 건 식이 덕분이라고 생각하고 있어요.

생식
사전 조사

REN

MEOW-*

memo

소문난 생식 맛집의 비법 공유서

Travel. 1

생식을 시작하기 전
고려해야 할 사항

반려인이 모든 걸 희생하는 마음과 굉장한 결심으로 생식을 급여하기로 결정했다고 해도 무조건 가능한 것은 아니에요. 우리 아이들에게 필요한 영양 요구량도 확인해야 하고, 과연 내 아이가 생식을 받아들일 수 있는지 기호도나 건강 상태 등도 확인해야 할 필요성이 있어요.

사실 반려인이 해야 하는 노력은 스스로 마음을 굳건히 하는 것으로 어느 정도 충족이 될 거예요. 하지만 생식을 직접적으로 섭취할 아이와 관련된 것은 반려인의 노력으로 개선되지 않을 수도 있기 때문에 어찌 보면 아이들에 대한 측면이 더욱 중요한 사항이 될 것 같아요. 그래서 생식을 시작하기 전 고려해야 할 사항들을 반려동물의 입장에서 살펴보도록 할게요.

생육에 대한 기호도

아무래도 오랫동안 상업용 사료, 특히 건사료에 길들여져 있던 아이들의 경우 생육의 섭취를 거부할 수 있어요. 질감이나 씹는 느낌이 다르기 때문에 거부하기도 하고, 자극적인 향이 풍기는 상업 사료보다 향이 적기 때문에 식욕 자체를 돋

우지 못하는 경우도 있어요. 일정 기간 적응 훈련을 하면 먹어주는 아이들이 있기도 하지만, 끝까지 먹지 않고 버티는 아이들도 있죠.

그래서 반려인이 매번 강제로 급여를 해야 하는 사태가 발생하기도 하고요. 이런 경우 어찌 보면 강제 급여라는 방법으로 인해 반려인과 반려동물 모두 스트레스를 받을 수도 있을 거예요. 이쯤 되면 좋자고 하는 일이지만 과연 이게 정말 내 아이를 위한 방법인가 고민이 되기도 하고요.

그래서 생육에 대한 기호도를 측정해 보기 위해서 먼저 본격적으로 생식을 급여하기 전에 테스트를 해 보는 것이 필요해요. 주식은 아니고 간식의 형태로 생육을 종류별로 조금씩 급여해 보면서, 여러 종류의 육류에 대한 기호도도 살펴보고 생식 자체를 받아들여 줄 가능성이 있는지도 함께 살펴보면 좋을 것 같아요.

보통은 간단하게 닭가슴살이나 안심 혹은 뼈가 붙어 있는 드럼 스틱(닭 다리) 등을 세척 후 그대로 급여하는 방법을 많이 사용해요. 다른 육류들 또한 살코기 부분만 조금 떼어 먼저 급여하면서 기호도나 알러지, 불내성 등을 체크해 볼 수 있어요.

엘

episode

엘이는 닭고기를 제일 좋아해요. 돼지고기도 좋아하는데, 돼지고기는 겉면을 반쯤 익혀야 한다고 누나가 잘 안 해줘서 슬퍼요ㅠ_ㅠ 소랑 양은 냄새 때문에 먹지 않아요. 제가 처음에 생식에 적응할 때 육류에 대한 기호도 차이가 심해서 누나가 많이 고생했다고 했어요. 엘이는 편식쟁이니까 누나가 이해해야죠. 원래 편의는 사람 누나가 봐주는 거지 엘이는 안 봐줘도 괜찮아요. 그런 게 인생이고 묘생이죠.

🐾 습식 적응

건사료만 섭취하던 아이들의 경우 건사료 중독 증상으로 인해 생식을 거부하기도 하지만, 습식 자체에 대한 부적응으로 인해 생식을 거부하기도 해요. 이런 아이들은 본격적으로 생식을 시작하기 전, 습식이라는 식이 타입에 대한 적응이 필요하기도 하죠. 처음에는 가볍게 간식 타입의 습식을 추가하는 것에서 시작하여 점차 주식 또한 습식으로 바꿔요. 습식 형태의 식이에 완벽히 적응하게 된다면 생식으로의 전환도 한결 쉬워질 수 있어요.

🐾 알러지

아이가 생육을 잘 먹는다면 그다음으로는 생식에 사용될 수 있는 재료들에 대한 알러지 상태를 확인하는 과정이 필요해요. 잘 알지 못하는 상태에서 대량으로 생식을 만들었는데, 특정 재료에 알러지가 있다면 급여해 보지도 못하고 전량 폐기해야 하는 서글픈 일이 발생할 수 있으니까요.

알러지를 유발하는 식재료를 확인하려면 알러지 패널 검사를 하면 되는데, 사실 이 알러지 패널에 대한 의견이 분분해요. 분석 업체에 따라 개와 고양이에게 특화된 패널이 아닌 걸 이용하기도 하고, 실제 신체 상태와 분석 결과가 일치하지 않아 정확도가 떨어진다는 의견도 있어요. 그래서 알러지 지수가 높게 나온 식재료에는 알러지 반응이 없고, 오히려 알러지 지수가 낮은 식재료에 알러지 반응이 나타나는 경우가 발생하기도 하고요.

보통 개나 고양이에 있어 알러지 반응이 빈번히 나타나는 것은 단백질원이에요. 이는 알러지를 유발하는 인자인 알러젠 자체가 단백질임에 기인하는 결과이기도 하고요. 고양이의 경우 스스로 사냥하는 특성이 있기 때문에 소나 양 같은 대동물들은 사냥이 어려웠죠. 그래서 이런 대동물의 육류를 접하기 어렵다 보니 소화시키기 힘들어하거나 알러지 반응이 나타나는 경우가 있어요.

또 알러지를 일으키는 요소인 알러젠이 체내에 과다하게 축적되면, 반응이 없었던 육류에 알러지 반응이 일어나는 경우도 있어요. 전자의 경우가 섭취 경험이 없어 나타나는 반응이라면, 후자의 경우는 오히려 너무 자주 섭취해서 나타나는 반응이라고 할 수 있겠죠.

그래서 식재료에 대한 알러지 반응은 알러지 패널 검사뿐만 아니라 직접 식재료를 급여하면서 확인하는 과정이 필요해요. 본격적으로 생식을 만들어서 급여하기 전에 급여하고 싶은 식재료들을 소량씩 섭취시키며 테스트를 진행하는 거죠.

알러지 테스트를 할 때는 모든 재료를 혼합해서 급여하기보다 한 가지씩 따로 급여하며 확인하는 것이 좋아요. 난류에 알러지 반응이 있는 아이들의 경우 난황(노른자)과 난백(흰자)을 분리하여 따로 테스트해 보는 것을 추천하고요.

알러지 반응은 갑각류, 연체류, 어류와 같은 해산물이나 대두 및 곡물 등에도 다양하게 나타나기 때문에, 생식에 포함하고 싶은 재료들이 있다면 미리 한번 급여하고 반응을 확인해야 해요. 참고로 개와 고양이에게 알러지를 유발하는 식품 랭킹을 조사한 결과가 있어 소개할게요. 자료는 지난 10년간 미국, 유럽, 뉴질랜드 및 일본에서 조사된 데이터를 토대로 한 결과예요.

코코아

episode

알러지와 불내성은 다른 거예요. 알러지는 알러젠이 원인이 되는 면역 질환이지만, 불내성은 관련 효소가 부족해서 특정 식재료를 소화시키지 못하는 거예요. 토라는 오리고기에 불내성이 있는데, 생고기로 주면 잘 먹지만 조리해서 주면 먹고 바로 토해요. 언니 말로는 단백질이 조리되면 아미노산의 구조랑 배열이 바뀌기 때문에 불내성이 생기기도 하고 없어지기도 한다고 해요. 그래서 토라는 생오리고기는 잘 먹지만, 조리한 오리고기는 못 먹는 거라고 그랬어요.

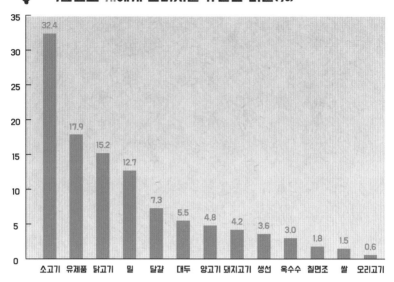

🦴 식품별로 개에게 알러지를 유발한 비율(%)

소고기 32.4, 유제품 17.9, 닭고기 15.2, 밀 12.7, 달걀 7.3, 대두 5.5, 양고기 4.8, 돼지고기 4.2, 생선 3.6, 옥수수 3.0, 칠면조 1.8, 쌀 1.5, 오리고기 0.6

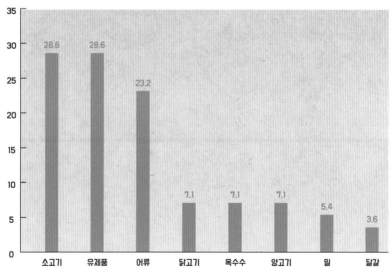

🦴 식품별로 고양이에게 알러지를 유발한 비율(%)

소고기 28.6, 유제품 28.6, 어류 23.2, 닭고기 7.1, 옥수수 7.1, 양고기 7.1, 밀 5.4, 달걀 3.6

관련논문 Ingredients and foods associated with adverse reactions in dogs and cats.
Vet Dermatol, 2013 Apr;24(2):293–4. doi: 10.1111/vde.12014. Review. PubMed PMID: 23413825

❀ 질병의 유무

아무리 장점이 많은 생식이라고 해도, 내 반려동물에게 건강상의 문제점이 있다면 급여하기 어려운 경우가 생기기도 해요. 일반적으로 건강한 상태라면 큰 문제가 없겠지만, 신장이나 췌장 및 간과 같은 특정 기관에 문제가 있을 때는 여러 가지 고려해야 할 사항들이 늘어나게 돼요. 방광이나 신장에 결석이 생기는 아이들의 경우 결석의 종류를 파악해서 단백질의 조성을 바꾸어야 할 수도 있고, 칼슘, 인, 마그네슘과 같은 전해질의 불균형으로 인해 미네랄 수치들을 조절해야 할 수도 있어요.

또 간의 효소 분비나 양에 문제가 있어 과량의 단백질을 처리하기 어려운 경우에는 단백질의 절대량을 조절해야 할 수도 있고요. 이런 문제점들을 미리 파악하기 위해 본격적으로 생식을 시작하기 전 전체적인 신체검사를 받는 것이 중요할 수 있어요.

이 신체검사에는 기본적인 바디 스캐닝과 혈액 검사가 포함돼요. 간 및 신장 관련 혈액 마커를 확인할 수 있는 혈청 생화학 검사 및 탈수, 빈혈 및 염증 상태를 파악할 수 있는 CBC를 함께 검사하는 것을 추천할게요.

❀ 제한 급식

일반적으로 개의 경우 하루에 횟수와 시간을 정해 급여하는 제한 급식을 하는 반려인들이 많지만, 고양이의 경우 하루 동안 먹을 양을 한 번에 급여하여 고양이 스스로 나누어 먹도록 하는 자율 급식을 하는 반려인들도 많이 있어요.

그런데 생식은 생육을 사용한다는 특성상 실온에서 오랫동안 놓아두고 나누어 먹으라고 할 수 없어요. 실온에서 조리하지 않은 식이의 박테리아 증식을 감안했을 때, 생식을 급여한 후 20~30분 정도 안에 주어진 양을 모두 섭취하는 것이 가장 좋아요.

그러다 보니 자율 급식을 해왔던 아이들은 생식을 시작하기 전에 제한 급식에 적응해야 할 필요가 있어요. 자율 급식에서 제한 급식으로의 전환은 급여 횟수와 급여량 모두를 바꾸는, 반려동물의 입장에서는 아주 힘든 과정이에요.

일단 여러 번 나누어 먹던 아이들은 한 번에 많은 양을 먹지 않기 때문에 뱃구레가 작아요. 그래서 뱃구레를 늘이는 것과 동시에, 정해진 시간에만 밥을 먹을 수 있다는 인식을 심어주는 것이 중요해요.

먼저 자율 급식을 하던 사료 그릇을 모두 치우고 하루 급여 횟수를 정해요. 평소 자율 급식을 하던 아이들은 가능한 한 많은 횟수에서 점차 줄여가는 것이 좋아요.

예를 들어 하루 60g의 건사료를 먹던 아이라면, 10g씩 6번을 급여하다가 어느 정도 적응을 해서 한 번에 주어진 양을 다 먹게 된다면 다시금 15g씩 하루 4번 급여로 바꿔요. 그 후 다시 적응하여 한 번에 주어진 양을 다 먹게 된다면 이제는 하루 20g씩 3회, 30g씩 2회식으로 점진적으로 양을 늘리고 횟수를 줄여가는 방법이에요.

episode

저도 자율급식에서 제한 급식을 했는데, 적응하느라 진땀을 뺐어요. 정말 너무 힘들어서 눈물이 뚝뚝 났었어요. 누나는 지금도 제가 품에 안겨 뚝뚝 눈물을 흘리던 모습을 잊지 못한대요. 처음에는 곧 또 줄 거라 생각해서 조금 먹었는데 또 주지 않아서 너무 배가 고팠어요. 그리고 제가 먹고 싶지 않은 시간에 누나 마음대로 막 주고 그러더라구요. 그래서 안 먹고 반항을 좀 했었는데, 누나가 용납하지 않았어요. 그래서 눈물을 뚝뚝 흘리며 패배를 인정하고 주는 대로 먹게 되었어요. 지금 생각해도 그 과정은 정말 눈물이 나요ㅠㅠ 그런데 또 우는 저를 보고 누나도 미안하다고 엉엉 울어서 온 집안이 눈물바다가 되고 말았어요.

미노루

반려동물에게 있어 자율 급식에서 제한 급식으로 전환하는 것은 먹는 양은 늘려야 하고 횟수는 줄여야 하는 이중고임을 잊지 마세요. 따라서 급격한 제한은 아이에게 스트레스를 유발하여 아예 부적응하는 결과를 낳을 수도 있어요.

'Slow and steady wins the race(꾸준함은 성공의 비결)'라는 속담을 가슴에 아로새기고, 적응시키는 나보다 적응하는 아이가 더 힘들 수 있다고 생각한다면 꼭 제한 급식으로의 전환에 성공할 수 있을 거예요.

이렇게 본격적으로 생식을 시작하기 전에 고려해야 할 사항들을 반려동물의 입장에서 살펴보았어요. 그럼 이제 남은 것은 반려인의 준비겠죠? 내 아이에게 필요한 영양소의 목록이나 생식의 급여량, 필요한 보조제의 종류 및 생식을 만들기 위한 도구의 준비 등 많은 것들이 남아 있다는 생각이 들 거예요. 다음 장부터는 본격적으로 생식을 준비하며 반려인이 알아두어야 할 내용 및 도구 등에 대해 살펴보도록 할게요. 다시 한번 Slow and steady wins the race!

🐾 개와 고양이의 사료 또는 HPDs의 영양 가이드라인을 제시하는 기관

NRC National Research Council. 미국 국립 연구 의회. 동물에 대한 영양학 서를 편찬하여 영양 요구량 및 가이드라인을 제시하는 기관이에요. 홈메이드식 의 경우 이 NRC의 영양 요구량 프로파일에 맞추어 제작하는 것을 권장해요.

개와 고양이에게 필요한 각 영양소의 요구량이 궁금하거나 필요 에너지의 계 산법 등이 궁금하다면 NRC에서 편찬한 'Nutrient Requirements of Dogs and Cats'라는 책이 도움이 될 거예요.

AAFCO Association of American Feed Control Officials. 미국 사료 협회. 북미 사료의 성분 및 함유량, 레이블의 표기법, 반려동물 영양 용어 등의 규정, 성 분 표기 등의 기준을 마련하는 기관이에요.

동물 사료 제조업자들도 구성원에 포함되어 있기 때문에 규제기관이 아닌 이 익 집단이에요. 북미뿐 아니라 아시아 및 호주, 뉴질랜드의 상업 사료 제조업체 들도 AAFCO의 영양 프로파일을 참조하여 사료를 구성해요. 급여하고 있는 상업사료의 영양 함유량이 적정한가를 살펴보고 싶다면 AAFCO의 영양 프로파일을 참고하면 돼요.

URL : www.aafco.org

FEDIAF 유럽 펫푸드 연방. 유럽의 반려동물 사료에 대한 가이드라인을 제시하는 기관이에요. FEDIAF는 AAFCO 및 NRC가 채택한 자료를 기반으로 하여 유럽에서 개와 고양이 사료에 적용하고 있는 가이드라인을 만들어요. 유럽에서 제조된 사료를 급여하고 있을 때는 이 FEDIAF의 가이드라인을 준수하고 있는지 확인하면 돼요.

URL : www.fediaf.org

🦴 영양 관련 용어

GE	Gross Energy. 식품이 가진 총 에너지. 일반적으로 식품이 가진 열량을 의미해요.
DE	Digestible Energy. 가소화 에너지. 총에너지(GE)에서 배설된 에너지를 빼서 계산해요. 소화되면서 대변으로 배설된 에너지를 제외하는 것이에요.
ME	Metabolizable Energy. 대사 에너지. 식품의 에너지 함량 및 적용 에너지양을 계산하는 기준. 소화 가능 에너지(DE)에서 소변, 가스 배설 등으로 인한 에너지를 빼서 계산해요. 보통 상업 사료를 포함하여 식이 에너지 함량의 기준이에요. 또 ME에서 체내에서 발생하는 열을 제외하여 계산한 값을 순에너지(Net Energy : NE)라고 불러요.
DM	Dry Matter. 건조 물질. 영양소의 총량에서 수분의 양을 뺀 것이에요. 반려동물 식이에서 많은 영양소의 권장량을 나타내는 기준이에요.
MR	Minimal Requirement. 최소 요구량. 개와 고양이의 식이에 최소한 함유되어야 하는 영양소의 양을 의미해요. 보통은 건조 중량 1kg당 4,000kcal인 식이에서 DM %로 표기하거나 몸무게에 따른 기초 대사량에 따라 표기해요.
RA	Recommended Allowance. 권장 허용량. 각 영양소의 권장량을 의미해요.
AI	Adequate Intake. 적당한 섭취량. 보통은 MR보다는 높고, RA와 비슷하거나 낮은 범위에서 정해져요.
SUL	Safe Upper Limit. 안전 상한치. 실험을 통해 급여했을 때 문제가 없었던 최대치를 의미해요. 참고 가능한 실험 데이터가 없는 경우 설정되지 않은 영양소들도 많이 있어요. SUL이 있는 영양소의 경우 이 값을 넘지 않도록 해야 해요.

BMR	Basal Metabolic Rate. 기초 대사율. 각 생물이 생명을 유지하기 위해 필요한 최소한의 에너지 요구량을 의미해요.
MER	Maintenance Energy Requirement. 유지 에너지 요구량. 보통 일상적인 생활을 영위하기 위해 필요한 에너지양을 의미해요. 생명을 유지하기 위한 기초대사량에 활동을 위한 에너지 요구량이 합산되어 계산돼요.

🦴 영양소 및 재료 관련 용어

다량 영양소	식품에 함유된 영양소 중 많은 양을 차지하는 영양소예요. 보통은 에너지를 내는 탄수화물, 지방, 단백질을 지칭해요.
마크로 미네랄	다량 미네랄. 1Mcal(메가 칼로리)당 100mg 이상이 필요한 미네랄을 지칭해요. 칼슘, 인, 마그네슘, 나트륨, 염화물, 칼륨, 철 등이 마크로 미네랄에 속해요.
마이크로 미네랄	미세 미네랄. 미네랄 중 마크로 미네랄을 제외하고 요구량이 적은 단위인 미네랄들을 말해요. 구리, 아연, 망간, 셀레늄, 아이오딘 등이 마이크로 미네랄에 속해요.
EFA	Essencial Fatty Acid 필수지방산. 체내에서 합성해내지 못하는 지방산을 의미해요. 리놀레산, 리놀렌산, 고양이에 있어 아라키돈산과 같은 것들이 필수지방산에 속해요.
DF	Dietary Fiber 식이 섬유. 탄수화물 중 에너지를 내지 못하고 소화되지 않는 특정한 성분들을 식이 섬유라 불러요. 펙틴, 비트 펄프, FOS 등이 여기에 속해요.
RMB	Raw Meaty Bone. 살이 붙어 있는 생뼈. 목뼈나 다리뼈, 등뼈와 같이 뼈에 살이 붙어 있는 경우 모두 RMB에 포함돼요.
NFE	Nitrogen Free Extract 식품과 사료의 분석에 사용하는 말로 1.25%의 끓는 황산 및 1.25%의 끓는 수산화나트륨에 녹는 물질에서 질소화합물, 지질, 무기물 등을 제거한 것을 말해요. 간단하게 식품에 함유된 당질 또는 탄수화물의 총량을 의미한다고 보면 쉬워요.

memo

소문난 생식 맛집의 비법 공유서

**내 반려동물이
섭취해야 하는 필수 영양소**

자, 이제부터 본격적으로 반려인의 준비가 시작되어요. 아마 앞선 내용은 보편적이고 이미 생식을 하려고 생각했던 분들이 한 번쯤은 접했을 내용이라면, 지금부터는 본격적이고 어쩌면 조금 이해가 어려운 내용일 수 있어요. 그래도 내 아이가 섭취해야 하는 필수 영양소의 의미와 목록을 아는 것만큼 중요한 것은 없어요. 분명 이것이 반려동물 생식의 근간을 이루는 것일 테니까요.

저도 처음 저희 아이들의 생식을 시작했을 때에는 특정한 포뮬러(레시피)에 의존했었어요. 그러나 영양적으로 안정적인 레시피를 사용하고 있다고는 해도 반려 동물 필수 영양소나 각 영양소의 특징들을 잘 모르니 레시피의 변형이 어려웠어요. 그래서 매일 똑같은 레시피를 적용해서 생식을 만들게 되니, 점차 이게 괜찮은 건가 의구심이 들기도 했었어요.

왜냐하면 레시피가 고정되니 특정 영양소가 과다해지면 지속해서 과다해질 것이고, 부족하다면 지속해서 부족하지 않을까 싶은 생각이 들었기 때문이었죠. 생식의 Key point는 '다양성'인데 그 포인트를 제대로 누리지 못하고 스스로를 가둬 버린 꼴이 되고 말았던 거예요.

결국 레시피가 있으니 생식은 만들어 급여할 수 있었지만, 스스로 레시피를 짜거나 기존의 레시피를 우리 아이들에게 맞게 변형할 수 없는 상태가 되어버렸어요. 그건 마치 '내비게이션이 있어서 목적지까지 가는 길은 알고 있지만, 연료가 없어서 자동차 자체를 움직일 수 없는 상황'과 같다고 느껴졌어요.

그래서 이대로는 안 되겠다 싶어 매일매일 반려동물 일반 영양학서 및 임상 영양학서를 뒤적거리며 관련 내용을 찾아보았어요.

처음에는 저도 이해가 잘되지 않았고, 용어가 익숙하지 않아 고전했어요. 그런데 지난 7년 이상 '매일매일'이라는 단어가 저를 변화시켰더라고요. 익숙하지 않았던 단어들이 익숙해지고, 각 영양소들의 특징이나 기전이 파악되기도 했어요.

그런 것 같아요. 가장 중요한 것은 '반복'이 아닌가 싶어요. 물론 전공자가 아닌 이상 어려운 내용이 맞아요. 또 아무래도 전문적인 내용들이 나오다 보니 재미없는 내용임에도 틀림없을 거고요. 그러나 같은 내용이라도 여러 번 읽고 접하다 보면 분명히 익숙해지는 순간이 올 거라고 생각해요.

앞서 한번 이야기한 대로, 익숙해지고 무언가 알게 되면 이만큼 재미있는 것도 없게 될 거라는 생각도 들어요. 나 스스로 내 아이를 위한 레시피를 짤 수 있는 힘이 생기고, 그 힘을 기반으로 내가 만든 생식을 먹고 건강하게 지내는 반려동물을 보는 것만큼 기쁘고 보람찬 일은 없을 테니까요.

먼저 이 길을 걸었던 경험자로서 제가 앞에서 열심히 이끌 테니 '이 첫 번째 난 코스를 극복해보자!'라는 긍정적인 마인드로 출발해 보도록 해요.

모든 동물에게는 필수 영양소와 비필수 영양소가 존재해요. 비필수 영양소는 체내 합성 또는 드 노보(De Novo) 합성 및 식품 등을 통해 필요한 양만큼을 공급할 수 있는 영양소를 의미해요. 반면 필수 영양소는 신체의 요구량에 맞는 속도로 신체에서 합성해 내지 못하는 것으로 반드시 식품을 통해 섭취하여야 하는 영양소를 의미하고요.

개와 고양이의 식이는 이러한 필수 영양소들을 권장량에 맞게 함유하고 있어야 하며, 그렇게 만들어진 식이야말로 Complete and well balanced diet(완벽하게 균형이 잘 갖추어진 식이)라고 할 수 있어요. 흔히 개와 고양이의 생식이라고 하면 단순히 생고기를 급여하는 것 자체를 의미한다고 생각하는 반려인도 있어요. 닭 가슴살을 매일 썰어 급여하는 것 정도로 '우리는 생식을 하고 있다'라고 말하는 반려인도 있고요. 그래서 생식에 반대하는 그룹이 생식하는 그룹에게 가장 많이 지적하는 생식의 단점도 이러한 영양 밸런스 부족이 되기도 하죠.

그러나 생식을 하고자 하는 혹은 하고 있는 우리들부터 '반려동물 생식'이라는 것은 반드시 'Well Balanced'된 상태를 의미한다는 것을 인지해야 해요. 그래야만 진정으로 신선하고 질 좋은 재료를 선택하여 만든 홈메이드 생식이 그 진가를 발휘하여 내 동물의 건강과 안녕을 보장할 수 있게 되는 거예요. 아무리 좋은 재료로 그림 같이 보기 좋게 만들었다고 해도 내 동물에게 필요한 영양소가 적절히 포함되어 있지 않다면, 그건 빛 좋은 개살구에 지나지 않아요.

'사람도 영양 균형을 맞춰 먹지 않아도 잘 지낸다, 그러니 동물도 마찬가지 아니겠냐'는 말은 하지 마세요. 개개인이 매일 혹은 일정 기간 영양 균형을 맞춰 먹지 않는다고 해도, 그건 그 개인의 사정일 뿐이에요. 사람의 영양 및 건강과 관련한 어떤 기관도 '영양 균형을 맞춰 먹지 않아도 괜찮다, 잘 살아갈 수 있다.'라고 권장하는 곳은 없어요.

또 영양 균형을 맞춰 먹지 않는 사람들에게도 질병까지는 아니라도 고질적인 피로감이나 체력 저하 혹은 영양 부족에 따른 가벼운 증상들(눈꺼풀의 떨림이나 손톱의 부스러짐, 모발 불량 등)이 나타나는 경우가 많고요. 결과적으로 이런 영양 불균형이 극단적으로 영향을 끼치는 경우 성인병과 같은 질환이 발병하기도 해요.

사람은 가끔 신체의 상황에 따라 특정하게 끌리는 음식들이 있고, 이를 섭취함으로써 스스로 극단적인 영양 불균형을 조율할 가능성이 있어요. 물론 인지를 통해 영양 상태를 개선하는 과정이라고 볼 수 없는 본능적인 행동이라고 할 수 있겠지만요.

그러나 우리 반려동물들은 반려인이 선택해서 주는 것만 섭취할 수밖에 없어요. 따라서 반려동물에게 홈메이드 생식을 급여하며 영양 불균형으로 인한 문제가 발생했다면 반려동물 스스로는 이 문제를 해결할 수 없어요. 또 '영양이 불균형해서 눈꺼풀이 떨리는 것 같아' 혹은 '이번 생식은 오메가3가 덜 들어갔는지 털이 자꾸 푸석푸석해져'라고 저희에게 언질을 줘서 식이를 수정하게 할 수도 없고요.

이런 점들로 인해 홈메이드 반려동물 식이는 철저하게 영양 균형을 맞춰서 제작되어야 해요. 영양 불균형에 따른 문제점이 당장 나타나지 않는다고 해도 장기간 영양적으로 불균형한 상태로 급여되는 식이는, 모질량의 부족이나 불량과 같은 가벼운 문제에서부터 근골격계 및 호르몬 문제와 같은 전신적인 질병까지 야기할 수 있는 시한폭탄과 같다는 것을 반드시 인식해야 해요.

제가 강한 어조로 영양 균형에 대해 말씀드려서 홈메이드 생식을 시작하는 데 부담감을 느낄 수도 있다고 여겨져요. 하지만 홈메이드식이라는 건 내 반려동물의 건강에 유익한 효과를 주고자, 반려인으로서 편의성을 희생하고 여러 비용과 수고를 감수하며 어렵게 만드는 것 아니겠어요? 그런데 가장 기본인 영양 균형부터 충족되지 않는다면 결국엔 하지 않느니만 못한 결과가 찾아올 수도 있어요.

그리고 홈메이드식을 하거나, 하려는 우리들부터 이런
인식을 가져야 홈메이드식에 관한 외부의 인식 또한
변화할 수 있다고 생각하고요. 부디 영양 균형을 맞춰
야 한다는 것에 대해 너무 부담을 느끼거나 두려움을
갖지 않기를 바랄게요.

　　그럼 지금부터는 본격적으로 개와 고양이의 필수 영
양소 목록에 대해 함께 살펴볼 거예요. 마음을 단단히
먹고! follow follow me!

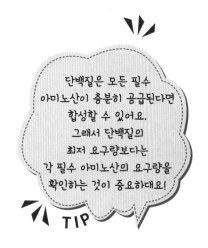

단백질은 모든 필수
아미노산이 충분히 공급된다면
합성할 수 있어요.
그래서 단백질의
최저 요구량보다는
각 필수 아미노산의 요구량을
확인하는 것이 중요하대요!

TIP

🐾 단백질(아미노산)

　단백질은 체내 기관과 장기, 근육 및 모발, 손발톱과 같은 기관의 구성 성분이며, 헤모글로빈, 알부민, 글로불린 등으로 혈액을 구성하기도 해요. 또한 호르몬, 효소, 항체로서 작용하기도 하고요. 단백질이 분해되면 개와 고양이의 체내에 질소와 아미노산을 제공해요. 그리고 이를 통해 에너지를 공급하게 되죠.

　단백질 분해의 최종 산물인 아미노산은 개와 고양이에게 필수(개: 10종, 고양이: 11종)와 비필수인 영양소 모두를 포함하고 있어요. 알지닌과 같은 아미노산은 사람에게는 비필수 영양소이지만 개와 고양이에게는 필수 영양소예요. 이것은 개와 고양이가 선택적/의무적 육식 동물이라는 것을 보여주는 반증이라고 할 수 있어요. 대부분의 아미노산이 신선한 단백질(육류)을 통해 급여될 수 있으니까요.

　고양이는 함황 아미노산인 메티오닌 및 시스테인의 합성을 통해 타우린을 생산해 내는 양이, 타우린이 소변을 통해 배출되는 속도에 비해 늦어요. 즉 단위 시간당 생산량보다 배출량이 더 많기 때문에 타우린은 고양이에게 있어 필수 영양소가 돼요. 개는 타우린을 적정히 합성할 수 있지만, 최근의 추세로는 개들도 타우린 부족으로 인한 심장 기능의 저하 등이 나타나고 있어서 적당한 양을 식이에 포함하라고 권장하고 있어요. 얼마 전 이와 관련하여 심장병을 유발한다고 여겨지는 사료들에 대한 FDA의 경고가 있기도 해서 많은 개 반려인들이 놀라는 일도 있었죠.

　이렇게 필수 영양소는 아니지만, 필요에 따라 필수 영양소처럼 취급되는 것들은 조건부 필수 영양소라고 부르기도 해요. 그럼 이제부터 대략적인 설명을 뒤로 하고 개와 고양이의 필수 아미노산의 목록과 각 아미노산이 과부족되었을 때의 상태를 살펴보도록 할 텐데요, 표를 사용하는 것이 분류가 필요한 자료들을 가장 명료하게 확인하는 방법이므로 각 영양소를 카테고리별로 묶어 표로 확인하도록 할게요.

🦴 단백질의 영양소 분류 및 특징

아미노산	알지닌	특징 및 기능	고양이의 경우 매우 빠르게 부족 증상이 나타남
		부족 증상	개 : 구토, 타액 과다, 근육 경련, 고혈당, 고암모니아 혈증 고양이 : 설변, 체중 감소, 고암모니아 혈증
	히스티딘	특징 및 기능	헤모글로빈에 다량 함유
		부족 증상	개 : 식이거부, 저알부민혈증, 체중감소, 헤모글로빈 감소 고양이 : 백내장, 헤모글로빈 감소
	이소류신	특징 및 기능	성장기의 개와 고양이에게서만 부족 증세가 보고됨
		부족 증상	자견 : 체중 증가 둔화 및 식욕 부족 자묘 : 눈이나 입 주변에 붉은 물질 낌, 패드 껍질이 벗겨짐
	류신,라이신, 트립토판,발린	특징 및 기능	성장기의 개와 고양이에게서만 부족 증세가 보고됨
		부족 증상	자견과 자묘의 식이 섭취량 감소, 체중감소
	메티오닌	특징 및 기능	단백질이나 아미노산이 부족한 식이에서 알부민을 유지시킴. 황을 포함하고 있는 함황 아미노산
		부족 증상	개 : DCM(확장심근병증), 자견의 체중 감소, 부종, 패드의 각화 고양이 : 입과 발 주변의 색 변화(붉은색), 안구 분비물
	페닐알라닌	특징 및 기능	검은색 코트를 가진 개와 고양이의 모발색 변화(붉은색으로)
		부족 증상	자견 : 식이 섭취 감소 및 체중 감소 고양이 : 걸음걸이 이상, 타액 과다, 과한 울음
	스레오닌	특징 및 기능	성장기의 개와 고양이에게서만 부족 증세가 보고됨
		부족 증상	자견 : 식욕 부진, 체중 저하 자묘 : 식욕 및 체중 저하, 경련, 소뇌 기능 장애, 평형 유지 불능
	타우린	특징 및 기능	고양이에게는 필수, 개에게는 조건부 필수 영양소
		부족 증상	고양이 : DCM(확장성 심근병증)
과다 시 독성 증세			❶ 합성 아미노산을 사용하는 경우 아미노산 독성이 나타나기도 함 ❷ 일반적으로 동물성 혹은 식물성 단백질을 식품을 통해 급여했을 때 아미노산의 과다로 인한 독성이 나타나기는 어려움 ❸ 과다량이 과한 경우에는 간이 아미노산 대사를 위한 효소를 배출하고 분해하는 과정을 지속해야 하기 때문에 과부하 상태가 되어 혈청 간 효소 마커가 상승할 가능성이 있음 ❹ 신장 질환 등 단백질을 대사할 때 발생되는 질소 노폐물과 같은 것들이 문제가 되는 질병의 경우, 과도하게 급여되는 단백질이 문제가 될 소지가 있음. 이렇게 제한된 급여가 필요한 아픈 동물에게 과다한 양을 급여해서 나타난 독성을 조건부 독성이라고 분류함

* 표에 따로 과부족증에 대한 설명이 없는 경우 해당 동물 및 생의 단계에서는 과부족 문제가 보고된 적이 없는 것임

🐾 지방

지방은 에너지원으로도 사용되고, 지용성 비타민의 흡수를 도울 뿐만 아니라 개와 고양이의 피모 및 신경과 시각, 염증 감소에도 영향을 주는 각종 지방산을 방출해요. 리놀레산과 n-3 계열의 지방산인 EPA 및 DHA는 개와 고양이 모두에게 필수 영양소이고, 아라키돈산은 고양이에게만 필수 영양소예요. 이는 고양이가 개와는 달리 리놀렌산을 늘리고, 불포화시켜서 아라키돈산을 합성하는 능력이 낮기 때문이에요.

따라서 고양이는 동물성 지방을 통해 아라키돈산을 직접 공급해야만 해요. 또한 n-3 지방산이라 하는 오메가3의 경우 식물성 지방산으로도 공급할 수 있지만, 개와 고양이의 경우 이러한 식물성 지방산의 활용 능력이 떨어져요.

그리고 알파 리놀렌산을 DHA로 전환하는 능력 또한 매우 떨어지는 데다 비효율적으로 전환하기 때문에 식물성 식품에 들어 있는 오메가3의 경우 활용을 하지 못한다고 봐야 해요. 따라서 개와 고양이에게는 DHA 및 EPA 같은 오메가3 계열의 지방산의 경우, 동물성 오메가3를 직접 급여하는 것을 권장해요.

🦴 지방의 영양소 분류 및 특징

지방산	리놀레산	특징 및 기능	세포막의 생합성에 사용됨
		부족 증상	개 : 피모에 유분이 흐름. 각질
	EPA, DHA	특징 및 기능	성장기의 개와 고양이에게서만 부족 증세가 보고됨
		부족 증상	고양이 : 피모 불량(건조, 비듬 등), 간지질
	아라키돈산	특징 및 기능	고양이에게만 필수 영양소
		부족 증상	고양이 : DCM(확장성 심근병증)
	과다 시 독성 증세		❶ 산패율이 높기 때문에 산패를 막을 수 있는 항산화제와 함께 급여해야 할 필요성이 있음 ❷ 필수 지방산의 급여량이 증가할수록 항산화제의 필요량도 증가함 ❸ 충분한 항산화제와 함께 급여되지 않는 경우 황색 지방증을 야기할 수 있음 ❹ 개의 경우 DM 1kg 당 4,000kcal 기준으로 지방이 DM 33%를 초과할 경우 췌장염이 발병했다는 보고가 있음

미노루

episode

지방이 DM 33%가 넘으면 개에게서 췌장염이 유발되었다는 연구는 단백질이 아주 부족했었대요. 그래서 식이 지방이 33%가 넘어도 지방 및 단백질 비율이 적절하면 문제가 되지 않기도 한대요. 그래도 적절한 지방은 식감을 돋우지만, 반대로 과도한 지방은 식감을 저하시키기 때문에 조심하는 것이 좋아요! 근데 옐이는 또 소고기의 마블링처럼 충분한 지방이 골고루 섞이지 않은 생식은 싫어하는 특수 입맛이라 누나는 늘 '니가 무슨 절대 미각이냐!!'라고 울부짖고는 해요.

🐾 미네랄

미네랄은 뼈와 치아 등의 구성 요소예요. 또한 전해질의 구성 요소로서 신체의 삼투압과 산-염기 밸런스의 유지, 근육 수축, 막 투과성에 관여해요. 뿐만 아니라 체내 효소와 호르몬의 보조 인자 및 촉매제로서 작용하기도 해요.

미네랄은 크게 다량 미네랄(마크로 미네랄)과 미세 미네랄(매크로 미네랄)로 구분되는데, 일반적으로 1Mcal(메가 칼로리)당 100mg 이상이 필요한 미네랄을 다량 미네랄로 간주해요. 이러한 미네랄들은 보통 정맥 내에서 유체로서 공급되고요.

미네랄의 경우 개와 고양이의 필수 영양소 목록이 동일하고, 과다 및 부족에 관한 사항이 각기 나타나므로 각 미네랄의 기능과 부족 및 과다 증세에 대하여 함께 살펴보도록 할게요.

🦴 미네랄의 영양소 분류 및 특징

다량 미네랄	칼슘	특징 및 기능	치아 및 뼈를 구성, 혈액 응고, 근육에의 기능, 신경 전달, 막 투과성
		부족 증상	식욕 및 성장의 감소, 뼈의 광물질 감소, 자발적 골절, 치아 상실, 경련, 구루병
		과다 시 독성 증상	식이 섭취량의 감소, 신장증, 확대 연골 접합, 칼슘 함유 요로 침전물(크리스탈 및 결석)의 주요 인자
	인	특징 및 기능	치아 및 뼈를 구성, 근육 형성, 다량 영양소의 대사, 인지질 및 에너지의 생산, 생식(번식)
		부족 증상	식욕의 저하 및 감소, 성장 둔화, 모질 불량, 생식 능력 감소, 자발적 골절, 구루병
		과다 시 독성 증상	뇨결석, 뼈의 손실, 체중 증가의 둔화, 연조직의 석회화, 이차성 부갑상선 기능 항진증
	마그네슘	특징 및 기능	뼈 및 체액을 구성, 다양한 효소의 활성 성분, 신경근 전달, 탄수화물 및 지질 대사에 관여
		부족 증상	식욕 부진, 뼈의 광물질 감소, 구토, 대동맥 석회화, 체중 감소
		과다 시 독성 증상	스트루바이트 크리스탈 및 결석, 약한 마비
	나트륨과 염화물	특징 및 기능	삼투압 및 산-염기 밸런스 유지, 신경 자극 전달, 영양 섭취, 노폐물 및 배설물의 배출, 수분 대사
		부족 증상	성장 저하, 수분 밸런스의 유지 불가능, 식욕 부진, 피로, 탈모
		과다 시 독성 증상	깨끗하고 신선한 물을 섭취할 수 없는 상황에서만 발생. 갈증, 소염, 변비, 발작 및 사망
	칼륨	특징 및 기능	근육의 수축, 신경 자극의 전달, 삼투압 및 산-염기 밸런스의 유지, 효소 보조인자(에너지 전달)
		부족 증상	성장 둔화, 식욕 부진, 운동 문제, 저칼륨혈증, 심장 및 신장의 병변
		과다 시 독성 증상	드물게 나타남. 부전, 마비, 서맥
	철	특징 및 기능	효소의 성분, 산소의 활성(산화 및 산소 분해), 산소 수송(헤모글로빈, 미오글로빈)
		부족 증상	빈혈, 거친 코트, 성장 감소
		과다 시 독성 증상	체중 감소, 식욕 부진, 혈청 알부민 농도 감소, 간 기능 장애, 혈색소 침착증

🦴 미네랄의 영양소 분류 및 특징

미세 미네랄	구리	특징 및 기능	헤모글로빈 형성, 세포 호흡, 심장 기능, 미엘린 형성, 골 형성, 다양한 효소의 구성 요소, 결합 조직 발달, 색소 침착, 촉매제
		부족 증상	빈혈, 성장 감소, 모발의 탈색, 뼈의 병변, 신경근 질환, 생식 부전
		과다 시 독성 증상	간염, 간 효소 활성의 증가
	아연	특징 및 기능	200여 가지 정도로 알려진 효소의 구성 및 활성화, 피부 및 상처의 치료, 면역 반응, 태아 발달, 성장
		부족 증상	성장부진, 식욕감소, 탈모, 생식 장애, 구토, 모발의 탈색, 결막염
		과다 시 독성 증상	상대적으로 독성이 없음. 아연으로 만들어진 주물인 너트를 삼켜서 발생한 독성 보고가 있음.
	망간	특징 및 기능	효소의 구성 및 활성화, 지질 및 탄수화물의 대사, 뼈의 형성, 세포막의 완전성(미토콘드리아)
		부족 증상	생식 장애, 지방간, 다리 뒤틀림, 성장 둔화
		과다 시 독성 증상	상대적으로 독성이 없음
	셀레늄	특징 및 기능	글루타티온 페록사이드 및 아이오딘화 타이로닌 '5-데오다니아제의 성분, 면역 기능, 생식
		부족 증상	근이영양증, 생식 부전, 신장의 석회화, 피하부종, 식이 섭취량의 감소
		과다 시 독성 증상	구토, 경련, 비틀거림, 타액 과다, 식욕 부족, 호흡곤란, 구강 내 악취, 손발톱 상실
	아이오딘	특징 및 기능	티록신 및 트리아이오드티로닌의 성분
		부족 증상	갑상선종, 태아흡수(사망), 갑상선 확장, 탈모, 타액 과다, 혼수
		과다 시 독성 증상	결핍과 유사함. 식욕부진, 거친 모발, 면역감소, 갑상선종, 체중 증가 둔화, 발열

🐾 비타민

비타민은 놀라울 정도로 다양한 생리 기능을 하는 것으로 알려져 있어요. 비타민은 효소 반응의 강화제 및 보조 인자로서 활약하며 DNA 합성, 영양소의 에너지 방출, 뼈의 성장, 칼슘 항상성, 정상적인 시각 기능, 세포막 완전성, 혈액 응고, 항산화, 아미노산과 단백질의 대사 및 신경 자극 전달에서 중요한 역할을 해요.

비타민은 화학적 구조 및 용해도의 차이로 인해 물에 녹는 수용성과 지방에 녹는 지용성으로 구분해요. 개와 고양이의 경우 인간(영장류)과는 다르게 글루코스를 통해 내인성 비타민C를 합성할 수 있기 때문에 수용성 비타민 중 필수 영양소는 비타민B뿐이에요. 지용성 비타민의 경우 A, D, E가 모두 필수 영양소이고 K의 경우 개에게는 조건부 필수, 고양이에게는 필수예요.

일반적으로 비타민K는 장내 미생물을 통해 적절한 양을 공급할 수 있어요. 다만, 식이가 생선 기반일 때에는 K가 부족하게 돼요. 이것은 생선에는 비타민E가 높은데, 이 비타민E와 K가 서로 경쟁적 관계로서 활성을 방해하거나, 산화를 지연시키는 활동을 하기 때문으로 추정하고 있어요. 따라서 생선 기반의 식이를 운영할 때에는 비타민K1이 풍부한 녹황색 재료 등을 충분히 사용하는 것이 좋아요.

또한 최근 들어 비타민 K는 '잊혀진 마스터 키'라는 별칭으로 불릴 정도로 그 기능에 대해 광범위한 연구가 나오고 있는 상황이에요. 원래 중요한 영양소였는데 다른 영양소에 밀려 잊혔다가 다시금 주목받기 시작한 영

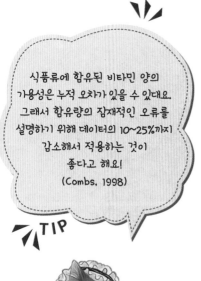

식품류에 함유된 비타민 양의 가용성은 누적 오차가 있을 수 있대요. 그래서 함유량의 잠재적인 오류를 설명하기 위해 데이터의 10~25%까지 감소해서 적용하는 것이 좋다고 해요!
(Combs, 1998)

TIP

양소라는 거죠.

　그동안 K2, K3가 동물사료에도 금지될 만큼 위험한 요소로 취급받아 왔었고, 우리나라에서는 혈액의 응고 작용이 제대로 일어나지 않을 때만 K1을 처방하고 K2의 경우 보조제도 수입하지 못할 정도였어요. 그러나 최근에 비타민K2인 메나퀴논의 암 예방 및 심질환에의 효과 같은 것들이 다시금 주목받으며 억울하게 받았던 누명이 벗겨지고 있는 거예요.

　그러나 비타민K가 요즘 알려지고 있는 만큼 단독으로 임펙트 있는 효과를 가질 수 있느냐를 살펴보면 그렇지는 않아요. 비타민K는 다른 지용성 비타민들인 A, D, E와 함께 충분한 양이 급여돼야 비로소 그 역할을 제대로 할 수 있어요. 비타민K의 경우 모든 영양소의 대사 기전에서 마무리 역할을 하는 영양소 정도로 생각하면 돼요.

　그러니까 비타민K가 없어도 특정 대사나 기전은 일어날 수 있지만, 비타민K가 있다면 완벽하게 기전이 마무리되어 잠기는 거죠. 그런 의미에서 '잊혀진 마스터키'라는 불리는 요즘의 이름이 어울리지 않나 싶어요. 따라서 모든 영양소의 대사나 기전이 완벽하게 마무리될 수 있도록 비타민K가 부족하지 않게 신경 써주는 것도 중요해요.

　개와 고양이가 인간과는 다르게 내인성 비타민C를 체내에서 합성할 수 있는 것과 반대로 비타민D의 경우 자외선을 통해 합성할 수 없어요. 개와 고양이가 비타민D를 합성할 수 없는 이유로 몸을 덮고 있는 털 때문에 피부가 자외선에 노출되기 어려워서 그렇다는 주장이 있지만, 그것만이 이유는 아니에요.

　자외선을 통해 비타민D를 합성할 때에는 7-디하이드로 콜레스테롤(7-dehydrocholesterol)이 필요해요. 그런데 개와 고양이는 이 7-디하이드로 콜레스테롤을 콜레스테롤로 빠르게 전환시키는 대사적 특성을 가지고 있어요. 따라서 7-디하이드로 콜레스테롤의 부족으로 인해 비타민D의 전구체인 D2 및 D3를 합성하지 못하고, 그 결과 비타민D 합성 자체가 이루어지지 않아요.

　그런데 이 비타민D를 함유하고 있는 식품이 한정적이에요. 식품으로 섭취하기 어려운 상황 때문에 비타민이지만 호르몬과 비슷한 취급을 받기도 하고요. 그래서 AAFCO에서도 사료 제조사에 비타민D 보조제의 사용을 권고하고 있어요. 그러므로 홈메이드 식이를 만들 때는 식재료를 통해 공급되는 비타민D의 양을 확인하고, 충분히 급여될 수 있도록 반드시 신경 써야 해요.

비타민 또한 미네랄과 같이 부족 및 과다의 증세가 명확히 존재하고 개와 고양이의 증상이 동일하기 때문에 각각의 기능 및 부족/과다와 관련한 증상들을 나누어 살펴보도록 할게요.

🦴 비타민의 영양소 분류 및 특징

지용성	비타민A	특징 및 기능	시각적 단백질의 분해 효소, 상피 세포의 분화, 면역 기능, 정자 형성, 뼈의 재흡수
		부족 증상	식욕부진, 성장지연, 코트 불량, 약화, 안구 건조증, 야맹증, 뇌척수액압의 증가, 비강 출혈, 태아흡수
		과다 시 독성 증상	경부 척추증(고양이), 치아 손실(고양이), 성장 둔화, 식욕부진, 홍반, 장뼈 골절
	비타민E	특징 및 기능	생물학적 항산화제, 자유 레디컬 소거를 통한 세포막 보존
		부족 증상	불임(수컷), 지방조직염, 피부염, 면역결핍, 식욕부진, 근육병
		과다 시 독성 증상	독성이 최소치임. 다른 지용성 비타민들과 길항 작용, 응고지연(비타민K와는 반대로)
	비타민D3	특징 및 기능	칼슘과 인의 항상성 유지, 뼈의 광물화, 뼈의 재흡수, 인슐린 합성, 면역 기능
		부족 증상	구루병, 연골 접합부의 확대, 골연화증, 골다공증
		과다 시 독성 증상	고칼슘혈증, 석회증, 식욕부진, 파행(절뚝거림)
	비타민K3 (메나티온), 비타민K1 (팔로퀴논)	특징 및 기능	응고 단백질 및 기타 단백질의 카르복실화. 골단백 오스테오칼신의 보조 인자
		부족 증상	저프로트롬빈혈증, 혈액 응고 시간 연장, 출혈
		과다 시 독성 증상	과다로 인한 독성이 최소치임. 빈혈(개)

🦴 비타민의 영양소 분류 및 특징

수 용 성	**비타민 B1 (티아민)**	특징 및 기능	TCA 순환에서 효소 반응의 보조 인자, 신경계에 영향
		부족 증상	운동 장애, 식이 거부, 식욕 감소, 다발성 신경염, 배 쪽 굽힘(고양이), 마비(개), 심장비대(개), 서맥
		과다 시 독성 증상	서맥, 혈압 감소, 부정맥
	비타민 B2 (리보플라빈)	특징 및 기능	항산화 효소의 구성 요소, 탈수 효소의 성분
		부족 증상	운동 장애, 성장 지연, 좌절 증후군(개), 피부염, 화농성 분비물, 구토, 결막염, 혼수, 서맥, 지방간(고양이)
		과다 시 독성 증상	독성이 최소치임
	비타민 B6 (피리독신)	특징 및 기능	아미노산 반응의 조효소, 신경 전달 물질의 합성, 트립토판을 통한 나이아신의 합성, 타우린 합성, 카르니틴 합성
		부족 증상	성장지연, 식이 거부, 체중 감소, 소적혈구성 저색소성 빈혈, 신세관산증, 칼슘 옥살레이트 크리스탈
		과다 시 독성 증상	과다로 인한 독성은 낮음. 식이 거부, 운동실조(개)
	비타민B3 (나이아신)	특징 및 기능	에너지 방출 탈수소 반응의 조효소, 수소 공여/수용체
		부족 증상	식이 거부, 설사, 성장 둔화, 점막 궤양, 혀의 괴사(개), 붉은 혀 (고양이), 탈모, 침 흘림
		과다 시 독성 증상	과다로 인한 독성은 낮음. 혈변, 경련
	비타민B5 (판토텐산)	특징 및 기능	코엔자임A의 전구체, TCA 사이클의 단백질, 지방, 탄수화물 대사, 콜레스테롤의 합성, 트리글리세라이드의 합성
		부족 증상	총지질 및 혈청 콜레스테롤의 감소, 성장 둔화, 빈맥, 혼수, 항체 반응 감소
		과다 시 독성 증상	개와 고양이는 과다로 인한 독성 반응 없음
	비타민B12 (코발라민)	특징 및 기능	프로피온 대사의 조효소, 메티오닌, 합성 보조, 류신 합성 및 분해
		부족 증상	메틸말로닌산 산성뇨, 빈혈, 성장 정지(고양이)
		과다 시 독성 증상	반사 반응의 변화(혈관 조건 반사의 감소 및 무조건 반사 신경의 과장)

수용성	비타민B9 (엽산)	특징 및 기능	메티오닌 합성, 퓨린 합성, DNA 합성
		부족 증상	식욕 부진, 체중 감소, 백혈구 감소증, 저색소성 빈혈, 거대적혈모구빈혈(고양이), 항암제와 길항 반응
		과다 시 독성 증상	과다로 인한 독성 없음
	바타민B7 (비오틴)	특징 및 기능	4종의 카르복실라제 효소의 성분
		부족 증상	각화증, 탈모(고양이), 눈과 코 주변의 건조한 분비물, 과민증, 식욕 부족, 혈변
		과다 시 독성 증상	개와 고양이의 경우 과다로 인한 독성이 보고된 적 없음
	콜린	특징 및 기능	막에서 발견되는 포스파티딜콜린의 성분, 신경전달 물질 아세틸콜린, 메틸 기증자
		부족 증상	지방간(자견), 흉선 위축, 성장 속도 감소, 식욕 부진
		과다 시 독성 증상	개와 고양이에 대한 과다 독성 보고 없음

　　지금까지 우리 아이들에게 필요한 필수 영양소들과 각 영양소가 부족 및 과다될 때의 문제점에 대해 살펴보았어요. 우리가 생각하지 못했던 미세 미네랄들의 일부만 부족해도 반려동물에게는 기립 불능과 같은 문제가 일어날 수 있다는 게 놀랍지 않으세요? 그래서 저는 반려동물 생식을 시작하기 전에 반려인들이 이러한 영양학에 대한 기초 지식들도 갖출 필요가 있다고 생각하고 있어요.

　　그리고 앞에서도 강조했지만, 생식의 장기적인 목표 자체를 Well Balanced에 맞춰야 한다고도 생각하고 있고요. 그럼 특정 영양소들이 부족할 때와 과할 때 나타나는 문제점에 대해 알았으니, 얼마나 맞춰 먹여야 하는지 아는 것이 중요하겠죠? 이 부분은 레시피와 급여량에 대해 안내할 네 번째 챕터에서 자세히 살펴보도록 할게요.

생식은 휴먼 그레이드의 신선하고 질 좋은 재료를 사용한다는 것만으로도 많은 이점을 제공하기 때문에 영양 과부족에 따른 문제점들이 발현되는 데까지 많은 시간이 걸릴 수 있어요. 또한 흡수율이 높기 때문에 영양소가 부족하도록 레시피를 작성해도 꽤 오랜 시간 동안 부족으로 인한 현상이 나타나지 않을 수도 있고요.

그러나 영양 부족이나 과다로 인한 증상이 당장 나타나지 않는다고 안심할 것은 아니에요. 영양 과부족의 문제는 이러한 불균형이 오랫동안 지속될 경우, 언제고 터질 수 있는 시한폭탄과 같다고 생각하는 편이 맞아요.

매일매일의 식단이 영양 균형을 모두 갖출 필요는 없겠지만, 2달 이상 장기간 특정 영양소의 결핍과 과급여가 지속되지 않도록 주의를 기울이는 것이 좋아요.

보통 생식에 내장류와 생뼈를 충분히 사용하게 되면 미네랄이나 비타민의 요구량이 상당량 채워져요. 그래서 일부 미네랄이나 비타민만이 부족하게 되고요. 이렇게 일부 미네랄이나 비타민이 부족하게 될 때 간혹 멀티 미네랄이나 비타민을 사용하는 경우가 있어요. 그러나 복합체를 사용하는 경우 보충이 필요하지 않은 다른 영양소까지 함께 공급되기 때문에 과다 발생하는 영양소들이 있게 돼요. 따라서 미네랄이나 비타민 보충제의 경우 부족한 것들을 단독으로 사용하여 보충하는 편이 좋아요.

저는 고양이를 반려하고 있기 때문에 사실상 채소가 필요 없다고 판단하여 사용하지 않고 있어요. 그래서 부족하기 쉬운 비타민B군의 경우 비타민B 복합체를 사용하고, 그 외 비타민D의 경우 대구 간유 및 함량이 낮은 비타민D 단독 제제를 사용하고 있어요. 망간이나 아연처럼 뼈나 장기를 사용해도 부족하기 쉬운 미네랄들의 경우도 단독 킬레이트 미네랄을 사용하여 요구량을 맞추고 있고요.

그러나 개나 고양이가 채소 섭취에 거부감이 없는 상황이라면 케일이나 헴프시드와 같이 미네랄과 비타민이 충분한 재료들을 사용해 요구량을 맞출 수도 있어요. 혹은 발효 채소를 만들어 급여하는 것도 비타민과 미네랄을 공급할 수 있는 훌륭한 방법이에요.

NAME 코코아

BIRTHDAY 2014년 4월 생 추정

BREED 브리티쉬 숏

코코아는 구조된 직후 3개 월령쯤부터 생식을 먹어왔어요.

자묘 시절에는 토라와 같이 생식을 준비하고 있으면 먼저 와서 훔쳐먹는 생식 서리단을 할 정도로 식욕이 왕성한 아이였어요. 성묘가 되면서 입맛이 조금 까다로워지고 어류를 좋아하게 되었어요.

육류 생식에 참치나 연어 혹은 닭고기와 같은 생선류 횟감을 생으로 혹은 구워서 얹어 주는 걸 매우 좋아해요.

그런데 특이하게도 상업용 습식 사료의 생선류는 싫어하는 경향이 있어요. 특히 탈라피아로 만든 습식 사료는 먹지 않아요.

여아지만 매우 잘 먹는 아이라 몸무게는 5.2~5.5kg을 오가고, 활동력이 매우 좋은 아이예요. 굉장히 순진하고 귀엽게도 맛있는 걸 먹으면 눈물을 주룩주룩 흘리기도 하고요.

알러지, 불내성도 없는 아이라 사실 자기 입맛에 의한 걸 제외하고는 가리는 식재료는 없어요.

생식
준비하기

✈ --------------------------------

1. 생식을 시작하기 위해 필요한 도구에는
무엇이 있을까?

2. 생식의 재료를 선별하고 손질하는 법 Tips

3. 보조제 선택법 Tips

4. 생식 보관법 Tips

COCOA

MEOW-*

memo

소문난 생식 맛집의 비법 공유서

생식을 시작하기 위해 필요한 도구에는 무엇이 있을까?

공동 도구	스테인리스 양푼, 전자저울, 손질용 가위/칼, 소분 도구(실링기/소분 용기), 중탕기(선택), 용기 소독기(선택), 계량스푼(일반/전자), 라텍스 장갑, 집게
뼈 없는 생식 도구	육류 및 장기를 다질 수 있는 도구
뼈 있는 생식 도구	민서기(후지(신성)/타신/켄우드/중국제품)

🐾 공동도구

스테인리스 양푼   양푼은 생식을 갈거나 다진 생식 재료들을 모두 합쳐 섞는 용도로 필요한 도구예요.

플라스틱은 눈에는 보이지 않는 미세한 구멍들이 있는데, 이 구멍에서 박테리아가 증식하는 특징이 있어요. 그래서 양푼은 꼭 스테인리스 제품으로 구입하는 것이 좋아요.

보통 높이에 따라 용량이 달라지기는 하지만 밑면의 직경이 32cm인 경우 약 5kg 정도의 생식을 제작할 수 있어요. 밑면의 직경이 40cm인 경우 7kg 정도까지, 50cm 정도 되는 경우 15kg 이상 만들 수 있어요. 제작할 생식의 양에 따라 크기를 정해서 구입하면 돼요.

스테인리스 제품의 경우 사용 전 세척이 중요해요. 왜냐하면 스테인리스는 반짝반짝 빛나고 표면을 매끄럽게 만들기 위해 연마제를 사용하여 연마 후 출시되거든요. 그런데 이 연마제는 단순히 주방용 세제로 닦아서는 제거되지 않아요. 그래서 특별한 세척 과정이 필요해요. 그럼 스테인리스 용품들을 세척하는 방법에 대해 소개하도록 할게요.

스테인리스 제품을 세척하는 법

❶ 식물성 오일(예 : 해바라기유, 카놀라유 등)을 키친타올이나 수세미에 묻혀 도구를 닦는다. 구멍이나 홈 부분은 솔을 이용하여 닦는다.

❷ 큰 냄비에 도구가 충분히 잠길 정도의 물을 넣고, 베이킹소다나 구연산을 풀어 넣은 뒤 도구를 넣어 삶는다.

❸ 삶은 도구들을 꺼내 세제를 이용하여 다시 한번 깨끗이 닦는다.

그러나 양푼같이 크기가 큰 스테인리스 제품을 냄비에 넣어 삶기에는 무리가 있죠. 이런 경우에는 먼저 식물성 기름과 키친 타올로 양푼을 닦아준 후 뜨거운 물을 양푼에 가득 담아 넣고 구연산이나 베이킹소다를 풀어서 물이 식을 때까지 소독한 후 세척하면 돼요.

[TANITA] KW-220

전자저울 재료의 무게를 잴 때 사용하는 저울은 생식의 중요한 아이템 중 하나예요. 보통은 드렉텍사의 제품을 많이 사용해요. 일반적인 주방용 저울은 2kg~5kg 정도까지 측정되는 제품이 많은데, 되도록 5kg 정도는 확인할 수 있는 제품으로 구입하는 것이 좋아요. 전체 중량이 5kg을 넘을 때도 있고, 벌크 형태로 다량의 생식을 만들며 무게를 측정해야 할 경우가 많기 때문이에요.

주방용 저울 중 저울 위에 플라스틱 보울이 있어 식재료를 넣어 잴 수 있는 타입으로 나오는 것들이 있는데, 이런 제품은 활용도가 떨어져요. 또 보통 습기가 있는 내장이나 육류 등의 무게를 재는 경우가 많기 때문에 이런 플라스틱 보울이 부착되어 있는 제품은 세척이 문제가 되거든요. 저울 상판 위에 보울 등이 부착되어 있지 않은 일반적인 제품을 선택하면 돼요.

[PLUS] SC-175STN

손질용 가위/칼 가위는 심장이나 간 같은 내장류를 손질할 때 간편하게 사용할 수 있어요. 또한 가금류의 뼈 정도는 가위로 절단이 되는 경우도 많기 때문에, 가위를 적절히 사용하면 불필요하게 힘을 사용할 일들을 상당히 줄일 수 있을 거예요.

주방용이 아닌 문구용 회사 제품이기는 하지만, PLUS 사의 제품을 많이 이용해요. 재질의 특수성으로 인해 녹이 잘 슬지 않고, 다른 주방용 가위에 비해 가격이 저렴하여 가성비가 뛰어나요. 닭의 몸통뼈 중 등뼈가 포함된 두꺼운 부위까지 다 잘 잘려요. 다만 가위가 작기 때문에 손가락 통증을 유발한다는 단점은 있어요.

저도 사용하면서 엄지와 검지가 붓기도 했어요.(20kg 정도를 대량으로 만들면서 재료 손질을 거의 가위로만 했을 때) 그 외에는 원예용 가위도 많이 사용해요. 아무래도 나무 가지 등을 자르는 용도이다 보니 장뼈(가금류의 긴 다리뼈)도 자를 수 있는 힘이 있거든요.

칼은 칼 자체보다는 잘 가는 것이 중요해요. 생식을 제작하기 전에는 항상 칼을 잘 갈아야 해요. 생식을 만들어 보면 잘 다듬어져 있지 않은 칼만큼 속 터지는 것이 없다는 걸 분명 알게 될 거예요.

잘 갈려만 있다면, 어떤 칼이든 괜찮아요. 심지어 저는 닭 한 마리를 손질할 때 잘 갈려진 과도만 사용할 정도로 칼의 무게나 퀄리티 같은 건 큰 의미가 없어요.

다만 가금류를 민서기에 넣을 만한 크기로 잘라 도리육('도리다'할 때, 도리육이 에요.)으로 사용하게 될 경우, 한 번에 내리쳐서 손질을 하기 위해 중식도를 사용하기도 해요.

소분 도구   소분 도구는 실링 봉투, 유아식용 용기, 냉동실 전용 식기 등 다양한 선택이 존재해요. 소분 용기의 경우 이후 소분에 관한 섹션에서 자세히 다룰 예정이므로 102페이지를 참조해 주세요.

[필립스] SCF355/00

[대웅모닝컴] DWM-0055BY

중탕기(선택)   사실 중탕기는 반드시 필요한 것은 아닌 선택적 도구이기는 하지만, 개와 고양이에게 식이는 따뜻한 상태로 급여하는 것이 좋아요.

특히 생식의 경우 평소 사냥하는 동물의 체온 정도로 맞춰서 급여하면 기호도가 올라간다는 장점이 있거든요. 그러나 개와 고양이가 따뜻한 식이를 섭취하는 것은 기호도 문제를 떠나, 사람이 따뜻한 물을 마실 때 생기는 것과 같은 긍정적인 효과를 가져다줘요.

따뜻한 식이를 섭취하게 되면 전신의 순환이 촉진되어 말단까지 산소의 공급률이 올라갈 수 있고 기관 자체도 따뜻하게 유지될 수 있어요. 이를 통해 전신성 질환의 상태가 개선되는 경우도 있으니 식이는 가급적 따뜻한 상태로 급여해 주는 편이 좋아요.

일반적으로 중탕을 할 때는 열전도가 잘 되는 스테인리스 그릇에 식이를 넣고 40℃ 정도 되는 물을 큰 볼에 담은 후 식이를 담은 그릇을 넣어 골고루 저어줘요. 이때 따뜻한 물을 담을 큰 볼의 재질에 제한은 없지만, 물의 온도는 40℃가 넘지 않도록 주의해야 해요.

　40℃가 넘어가게 되면 잘게 잘린 뼈 등이 익게 되고 온도에 민감한 일부 비타민과 효소가 파괴될 수 있거든요. 특히 효소의 경우 동물의 체온 정도에서 가장 활성화되고 그 이상 온도가 올라가면 파괴되는 성질을 가지고 있기 때문에 중탕 시 온도에 신경을 쓰는 것이 좋아요.

　요즘에는 간편하게 중탕기를 사용하기도 해요. 유아들의 이유식 및 우유를 중탕하는 워머를 이용하는 것인데, 간편하게 온도를 설정해서 40℃에 맞춰 줄 수 있고 중탕 시간도 조절할 수 있어 아주 편리해요. 시장에 출시되어있는 제품군이 다양하니 살펴본 후 구입하는 것을 추천해요.

　　*유리 주전자가 있는 제품은 주전자를 빼고 그 위에 생식을 그릇에 담아 얹은 후, 저어 주면 돼요.
　　조금 귀찮기는 해도 골고루 온도를 상승시킬 수 있다는 장점이 있어요.

[UPANG] UP802

　용기 소독기(선택)　만약 소분을 이유식 용기에 하게 된다면 매일 소분 용기가 설거짓거리로 배출되고 아이들이 사용하는 식기들도 설거짓거리가 돼요.

　기본적으로 깨끗이 설거지하겠지만, 생육을 담았던 용기와 식기이니만큼 소독이 중요하기도 해요. 그래서 적외선 살균기 같은 것들을 사용하여 생식 용품 및 아이들을 케어할 때 필요한 아이템들을 소독하기도 해요.

저는 시중에 나와 있는 유아용 젖병 소독기를 사용하고 있고 만족도가 꽤 높은 편이에요. 큰 자리를 차지하지는 않지만, 자외선/적외선으로 적절히 소독해 주고 열풍으로 빠르게 건조까지 해주는 제품들이 많기 때문이에요.

　용기 소독도 가능하지만 생식을 만들 때 사용하는 믹서기의 부품들이나 아이들의 칫솔 등을 살균하는데도 적절히 사용할 수 있어서 활용도가 높으니 구비에 대해 한번 고려해 보는 것도 좋아요.

[KAI] SELECT100

계량스푼　계량스푼은 파우더 형식의 영양제 및 곡물과 같이 알갱이 형태로 되어 있는 재료의 양을 계량할 때 필요해요. 일반적으로 작은 티스푼에서 큰 테이블 스푼 및 컵 크기까지 모두 갖추어진 제품들을 사용하고요. 저렴하게 구입할 수도 있고, 비타민몰에서 시즌별 사은품 같은 것으로 제공하기도 해요. 잠깐 사용하는 제품이고, 보통은 건조한 파우더나 태블릿 제형의 양을 측정하는 것이기 때문에 플라스틱이라도 괜찮아요. 저렴한 제품이 있거나 비타민몰에서 사은품으로 제공한다면 그 기회를 이용하는 것도 좋을 것 같아요.

전자 계량스푼은 조금 더 정확하게 계량할 수 있다는 장점이 있어요. 생식의 양을 측정해서 급여할 때에도 유용할 수 있지만, 너무 그렇게 1g까지 측정해서 급여하는 것… 아이들이 보면 매력 없어할 거예요. 아마 저희 아이들이라면 "누나 밥이나 1g씩 정확히 재서 먹어!" 할 것 같네요.

[AMMEX] 일회용 니트릴 장갑

니트릴 장갑　생식 재료들을 손질할 때에는 밀착되지 않는 고무장갑이나 일회용 비닐장갑보다는 밀착되는 니트릴 장갑을 사용하는 것이 좋아요.
생식 재료들을 만질 때는 사람의 음식을 만드는 것과 같은 위생 관념이 요구돼요. 특히 생식은 조리하지 않은 생육을 사용하기 때문에 재료를 손으로 직접 만지게 되면 재료가 오염될 수도 있고, 손의 온도를 그대로 생육에 전달함으로써 재료의 신선도를 저하시킬 수도 있거든요. 또 만드는 반려인들 또한 살모넬라 등의 박테리아에 감염될 가능성이 있으므로 반려인 스스로의 보호를 위해서라도 장갑은 꼭 착용해야 해요. 비록 누구나 편하게 사는 것을 모토로 하지만, 부디 위생만큼은 편하면 안 된다는 마인드를 아로새기기를 바랄게요.

일반적으로 밀착력과 내구성이 좋은 니트릴 장갑은 의료용으로 사용하는 경우가 많기 때문에 장갑 내부에 소독용 파우더가 들어가 있는 제품이 있어요. 이런 제품을 피해 일반 용도인 파우더프리 제품으로 구입해야 해요.

집게   생식의 재료들을 민서기 등을 이용해 갈거나 분쇄할 때 손으로 재료를 집어넣는 것보다는 집게를 이용하여 넣는 것이 안전사고를 예방하기에 좋아요.

민서기의 경우 큰 스크류가 돌아가는 상태인 데다 재료를 지속해서 밀어 넣어 주어야 하기 때문에 안전과 관련한 사고가 있을 수 있어요. 꼭 집게를 사용하고, 재료를 민서기의 넥 안으로 밀어 넣을 때는 방망이를 사용하세요.

🐾 뼈 없는 생식 도구

[MISSO] OS-777

녹즙기 중, 대형견들은 재료 그대로를 적당한 크기로 썰어 주는 방법을 사용할 수도 있겠지만, 소형견이나 고양이는 다짐육을 사용하는 경우가 더 많아요. 그래서 다짐육을 만들기 위한 도구가 있다면 한결 편하게 생식을 제작할 수 있게 되고요. 그리고 이런 도구들은 아무래도 채소를 다지거나 퓌레를 만들 때에도 요긴하게 사용할 수 있겠죠.

보통 다짐육하면 푸드 프로세서나 도깨비 방망이류를 생각하는데, 도깨비 방망이 같은 경우에는 사용이 여간 번거로운 게 아니에요. 아무래도 고기를 짓이기듯 눌러줘야 하고 스크류나 칼날이 작기 때문에 많은 양을 한 번에 처리하기에도 어렵고요. 한 번 사용하고 나면 스크류에 고기 냄새가 배서 다른 요리를 할 때 사용하기 어렵다는 경험담들도 있어요. 그래서 도깨비 방망이는 뼈가 없는 생식이라도 부적합하다 할 수 있어요.

푸드 프로세서는 수분이 없는 맨 고기를 갈기 어렵기도 하고, 질감이 다짐육에 가깝게 나온다기보다는 완전히 갈려서 떡이 되는 형태로 나오기 때문에 아이들의 기호도 측면에서도 좋은 영향을 주지 못해요.

가장 사용하기 괜찮다고 보는 건 바로 녹즙기예요. 생식용으로 많이 사용하는 제품은 오스카 녹즙기인데, 이 제품은 닭 뼈 정도는 갈기도 하기 때문에 뼈 있는 생식을 할 때도 어느 정도 도움이 될 수 있을 거예요. 요즘에는 수동으로 돌려서 고기를 갈아내는 민서기도 있어서 소량씩 만드는 경우에는 사용을 고려해 볼 수 있고요.

🐾 뼈 있는 생식 도구

녹즙기(가금류 뼈의 분쇄 가능) 앞서 뼈 없는 생식용 도구로 소개한 오스카 녹즙기는 가금류 정도의 뼈는 갈 수 있어요. 그래서 주로 메추리나 닭과 같은 가금류 생식을 할 경우에는 간편하게 사용할 수 있고요.

오리 뼈도 장 뼈와 연골 접합부의 두툼한 부분을 망치로 부숴서 넣으면 분쇄돼요. 다만, 뼈를 분쇄하는 것이 주 기능인 제품은 아니니 큰 기대는 하지 않는 것이 좋아요. 무게가 민서기에 비해 매우 가볍기 때문에 간단하고 편리하게 사용할 수 있다는 장점이 있어요.

민서기 아무래도 다량의 육류 및 장기, 뼈를 분쇄하기 위해서는 민서기가 필요하게 돼요. 민서기는 육류의 덩어리를 갈거나 분쇄하는 기기를 말해요. 주로 독일 등지에서 소시지를 만들 때 사용하던 기기인데, 대량의 육류를 한 번에 갈 수 있다는 점에서 생식하는 반려인들에 의해 사용되기 시작했어요.

사실 민서기도 뼈를 가는 목적의 기기는 아니기 때문에 뼈를 갈게 되면 부하가 일어나기도 해요. 그래서 AS시 뼈를 갈았다가 망가졌다고 하면 유상 수리를 해야 하는 경우도 생기고요. 원래의 용도가 아닌 곳에 사용했다는 거죠. 그러니 아무리 민서기를 사용한다고 해도 뼈를 갈 때는 별도의 주의가 필요해요. 굵은 연골의 끄트머리를 미리 손질해서 사용한다든지, 모터의 공회전을 방지하기 위해서 홀(스크린의 구멍)이 너무 지름이 작은 스크린(망)보다는 홀이 3mm 이상인 스크린을 사용하여 2회 이상 갈아서 뼈의 크기를 조절하는 것이 좋아요.

요즘 민서기는 출력에 따른 종류가 천차만별이고, 직구 등을 통해 선택할 수 있는 제품의 폭도 늘어났어요. 그래서 간단하게 몇 가지 제품을 소개해 보려고 해요.

[Tenfly] THMGF350A

＊ Tenfly 저가형 민서기

　중국 타오바오 및 알리 익스프레스에서 구입 가능한 제품으로 400W의 모터 출력을 가지고 있어요. 가격은 약 5만 원 내외이고 무게는 4kg 정도예요. 모터 출력이나 바디 무게가 작기 때문에 아무래도 가금류 정도의 뼈를 갈 수 있다 보면 돼요. 전체적인 구성은 아래 소개하는 켄우드와 비슷해요. 넥의 표면은 합금, 내부는 스테인리스, 칼날과 스크류 등은 스트레인레스강으로 구성되어 있어요.

　무게가 가볍고 가격이 저렴하기 때문에 생식을 처음 시작할 때 부담감 없이 접근하기 좋은 제품이에요. 켄우드와 비교하여 가격은 1/4 정도지만 구성 사항은 대동소이하기 때문에 초반 1~2년 정도 잘 쓰다가 생식에 어느 정도 적응된 후에 더 좋은 민서기로 갈아타겠다는 생각으로 사용하면 괜찮은 제품이에요.

　다만, 타오바오 혹은 알리를 통해 구입해야 한다는 번거로움 및 소형에 무게가 작기 때문에 소음이 굉장하다는 단점이 존재해요.

[캔우드] MG510

＊ 캔우드 미트 그라인드 MG510

　캔우드 제품은 450W의 모터 출력을 가지고 있어요. 가격은 20만 원 전후반 정도이고 무게는 부품을 모두 끼워도 4~5kg 정도예요.

　닭 뼈나 오리 뼈 등 가금류의 뼈 정도는 갈아낼 수 있어요. 토끼의 뼈도 망치로 조금 부숴서 넣는다면 문제 없이 갈리고요. 저는 뼈를 모두 발골해서 사용했는데, 이 경우 토끼나 오리, 꿩까지 모두 잘 갈렸어요. 아이들의 수가 적어 한번에 10kg 이하의 양을 만드는 경우에 적합하다고 할 수 있어요. 작고 가볍기 때문에 아무래도 자주 만드는 분들에게 적합할 수 있고요. 가금류 정도만 뼈를 사용하는 생식을 하고 소나 양 같은 대동물 생식은 뼈를 사용하지 않고 육류를 가는 용도로만 사용할 경우에 추천해요.

　생식을 시작할 때, 비용에 대한 부담이 있을 경우 초반 몇 년간 사용할 제품으로 선택하는 것도 괜찮아요. 다만, 이 제품 또한 가벼운 바디와 모터로 인해 소음이 좀 크다는 단점이 있어요.

[MENGDA] SXC-12

＊ 대만식 중저가 민서기

현재 제가 사용하고 있는 제품으로 850W의 모터 출력을 가지고 있어요. 가격은 원화로 10만 원대 초반이에요. 무게는 약 18kg 정도라서 켄우드 민서기처럼 가볍게 옮기거나 할 수는 없어요. 그래도 출력이 큰 만큼 무리 없이 가금류의 뼈를 갈아낼 수 있다는 장점이 있고, 출력을 견뎌낼 수 있을 정도로 모터가 무겁기 때문에 소음이 적어요.

이 제품은 10kg 이상의 생식을 만들 때도 유용해요. 또 재질을 선택할 수 있기 때문에 트레이나 스크린(민서기의 망), 넥 등이 모두 식품용 스테인리스인 제품으로 구입할 수 있어요. 다만, 타오바오나 알리 익스프레스 등을 통해 구입 가능하기 때문에 직구를 해야 한다는 단점이 있어요.

[후지공업사] M-12S

＊ 후지 민서기 M-12S

후지 민서기는 한국에서 제조하여 판매하는 제품이에요. 무게는 27kg, 모터 출력은 750W이며 가격은 60만 원대 초중반 정도예요. 12S는 민서기의 표준 모델이라고 보면 돼요. 민서기 넥의 입구 크기에 따라 12, 22, 32 등으로 모델명이 분류되는데, 이 모델명이 같으면 스크린이나 십자 칼날을 호환해서 사용할 수 있어요. 앞서 소개한 대만식 민서기 또한 12S형이에요. 모터의 출력도 높고, 바디의 무게도 있다 보니 가금류 이상의 뼈도 잘 갈려요. 또 살덩어리와 함께 뼈를 갈아도 부하 없이 갈아내며 소음도 거의 없죠. 다만, 무게가 있기 때문에 이동이 힘들다는 단점이 있어요. 많은 양을 한꺼번에 만드는 가정에서도 효율적으로 사용하기 좋아요.

memo

소문난 생식 맛집의 비법 공유서

Travel. 2

생식의 재료를 선별하고 손질하는 법 Tips

📍 육류

먼저 육류의 경우 분쇄육을 준비할지 통육을 준비할지 고민하는 반려인들이 많이 있을 거라고 여겨져요. 업체에서 미리 민서기를 이용해 육류를 갈아서 판매하는 분쇄육의 경우 재료 손질의 편의성을 제공할 수는 있지만, 산도가 떨어진다는 단점이 있어요. 산도라는 것은 신선도와는 반대의 개념으로 재료가 공기 중에 노출될수록 증가하게 돼요.

아무래도 업체에서 분쇄육을 제작하려면 냉동되어 들어온 육류를 해동해서 갈아 낸 후, 다시 재포장을 하여 판매될 때까지 냉동하게 되겠죠. 그걸 소비자가 구입해서 생식을 만들 때 다시 해동시키고, 보관을 위해 재냉동을 하게 되는데 이렇게 냉동-해동 과정을 여러 번 거치게 되면 산도가 기하급수적으로 증가해요.

즉, 신선도는 떨어지고 유해균 등이 서식할 수 있는 확률이 높은 상태가 된다고 할 수 있어요. 또한, 해동-냉동이 반복되게 되면 육류에서 수분이 빠져나가면서 맛도 저하된다고 할 수 있고요. 이런 육류를 사용하여 생식을 제작하게 된다면 아이들의 기호도 또한 떨어진다는 문제가 생기기도 해요. 그러므로 가급적 가정에서 통육을 손질하여 급여하는 것을 추천해요.

🐾 소동물

토끼고기　지방이 적고 단백질의 함량이 높은 토끼 고기는 기생충이 없는 육류예요. 콜레스테롤 및 나트륨 함량이 낮고 필수 아미노산이 풍부하다는 장점이 있죠. 생식에서 사용하는 다양한 육류 중 가장 낮은 지방을 포함하고 있다고 할 수 있어요.

그러나 지방은 적지만 오메가3와 같은 단일 및 다중 불포화 지방산은 풍부해요. 다만 특유의 식감 및 냄새로 인해 기호도가 떨어지는 아이들이 있어요. 뼈 비율은 보통 20% 전후로 추정해요. 각 농장에 주문할 때 몸통을 제외한 머리, 혈액 및 내장류의 필요 여부를 얘기하면 함께 챙겨줘요.

구입처 : 토끼 코리아, 백운 토끼, 상주 토끼, 도올 토끼

🐾 대동물

대동물 육류들은 고양이보다는 개가 좋아하는 경향이 있어요. 고양이는 아미노산의 개별적인 맛을 느끼고 히스티딘이나 류신 등이 다량 함유된 육류를 선호하는 반면, 개의 경우 시체가 부패되면서 형성되는 특정한 뉴클레오티드를 선호하는 경향이 있기 때문이에요. 이는 맛보다는 냄새와 관련한 측면이에요. 그래서 후각이 소실된 개의 경우 이런 특정 육류에 대한 기호도 차이가 없다는 연구도 있어요.

대동물 육류를 베이스로 해서 생식을 제작할 때에는 뼈를 넣기 어렵다는 단점이 있기도 해요. 아무래도 뼈가 굵고 튼튼하기 때문에 민서기에 갈아 넣기도 어렵고 그대로 급여하기에는 위험하기도 하니까요.

그래서 보통은 가금류나 토끼 등의 뼈를 발골해 두었다 사용하거나 칼슘을 공

급할 수 있는 보조제(본밀, 해조 칼슘 등) 혹은 난각 파우더 등을 다른 비타민이나 미네랄 보조제와 혼합한 건강 분말을 만들어 사용해요.

소고기　지방이 적은 우둔이나 채끝, 안심, 목심 등을 많이 사용해요. 소의 지방만으로는 개와 고양이에게 필요한 필수 지방산이 모두 채워지지 않으므로 다른 지방산을 추가하여 구성해야 해요.

소는 대동물로 부위에 따라 영양소의 비율이 다르기 때문에 필요한 영양소가 많은 부위를 선택하여 사용하기에도 좋아요. 다만 포화지방산이 다량 함유된 와규보다 전체적으로 지방이 적고 근육 고기의 비율이 높은 호주산 그래스패드가 생식에 사용하기 적합해요.

구입처 : 심다누팜, 사러가마켓, MEATBOX

돼지고기　돼지고기는 기생충 문제로 인해 생식 재료로 꺼리는 분들이 많은 육류이죠. 하지만 요즘은 양돈 환경이 많이 바뀌고, 이전처럼 돼지의 사료로 분변을 급여하지 않기 때문에 생으로 급여한다고 해도 문제가 발생할 일은 드물다고 해요.

그래도 걱정이 된다면 생으로 된 장기는 사용하지 않고 살코기의 경우 겉면을 반 정도 익힌 상태로 급여하는 것이 좋아요. 비타민B군 및 필수 지방산의 조성 면에서 보면 개와 고양이의 생식 재료로서 소고기나 닭고기와 비교했을 때에도 매우 훌륭한 재료예요.

또 개와 고양이의 식이 재료로 많이 사용된 식품이 아니다 보니 알러젠이 축적될 일이 거의 없다는 특징이 있어요. 그래서 알러젠의 축적으로 인해 일어나는 알러지의 확률이 적은 재료이기도 해요.

양고기　철과 아연, 셀레늄 등의 미네랄을 풍부하게 함유한 양고기는 엽산 등의 조혈 작용을 하는 비타민도 다량 함유하고 있기 때문에 빈혈의 개선에도 도움을 줄 수 있어요. 보통 생식용 재료로는 지방이 적은 럼프나 토시살, 목심 등을 많이 사용해요.

지방이 많은 육류로 생식을 만들면, 질척하고 매우 떡지는 질감이 되는 경우가 있는데 이런 때에는 물을 조금 더 넣어주면 질감 면에서 오는 기호도의 저하를 막을 수 있어요.

구입처 : 돌핀 양갈비

사슴고기　붉은 육류답게 미네랄이 풍부하며 지방이 적은 것이 특징이에요. 콜레스테롤 및 포화 지방산도 낮아서 지방 섭취로 인한 문제를 겪고 있는 아이들을 위한 좋은 재료가 될 수 있어요.

🐾 가금류

가금류는 개와 고양이의 생식에서 가장 손쉽게 이용할 수 있는 육류라고 할 수 있어요. 실제로 현재의 개와 고양이의 조상들이 야생에서 (원시)생활할 때, 가장 자주 섭취했던 육류이기도 하고요. 개와 고양이는 이런 가금류들을 Whole Prey(먹이 전체를 먹는 것) 방식으로 섭취했다고 알려져 있어요. 즉, 장기와 뼈 그리고 근육 고기(살)를 모두 섭취하여 필요한 영양 균형을 스스로 맞추었다는 의미이지요. 그래서 현재의 개와 고양이의 영양 권장량 또한 닭 한 마리를 통째로 섭취했을 때의 영양 밸런스가 이상적이라는 것을 기반으로 작성되었어요. 따라서 가정에서 생식으로 급여할 때에도 가금류의 장기와 뼈, 근육 등을 전체적으로 사용하는 것이 좋아요.

닭　가장 접근성이 좋고, 쉽게 구할 수 있는 재료라고 할 수 있어요. 보통은 영계라고 알려진 11호 닭(도축하기 전 무게가 1,100g이라서 11호라고 해요.)을 통째로 사용하고, 여기에 심장 및 간과 같은 내장을 추가하여 레시피를 구성해요.

뼈 비율은 1마리당 약 17~20% 정도로 추정해요. 양쪽 날개의 끝과 다리의 끝은 영양 성분은 미비한 데 반해, 뼈를 민서기에 갈거나 그대로 급여할 때 오히려 문제가 될 수 있는 부위이기 때문에 보통 제거 후 사용해요. 통닭 및 심장과 간류는 모두 대형 닭 유통 업체의 인터넷 사이트로부터 주문 가능해요.

구입처 : 마니커, 하림

오리　오리는 닭보다 접근성은 떨어지지만, 껍질의 일부를 사용했을 때 필수 지방산을 충분히 공급할 수 있다는 장점이 있어요. 또 붉은 육류 부분은 철 등의 미네랄 함량이 높아요. 생식을 할 때는 보통 오리를 통째로 사용해요.

다만 간이나 심장 등의 장기 부위를 구하기 어려운 면이 있어 닭의 내장을 섞어서 사용하기도 해요. 뼈 비율은 보통 닭과 비슷하게 추정하고 있지만, 골밀도가 닭에 비해 높기 때문에 닭 뼈의 사용 비율에 비해 조금 적게 사용하기도 해요. 농장 등을 통해 살과 뼈가 분리되어 있는 완포 형태부터 통육까지 구입 가능해요.

구입처 : 연천농장, 봉화오리

메추리　메추리는 기호도가 조금 나뉘는 재료라고 할 수 있어요. 통육 전체를 그대로 급여하거나, 갈아서 급여해요. 뼈 비율은 보통 10% 정도로 추정해요.

전반적으로 미네랄 비율이 닭에 비해 높기 때문에 미네랄 보충을 생각할 때 선택하기 좋은 육류예요.

구입처 : 의령왕매추리

꿩　지용성 비타민 함량이 높은 꿩고기는 마니아층이 많은 육류예요. 저희 아이들 중에서도 꿩이 베스트라 늘 꿩 농장 집고양이로 태어나지 못한 것을 한탄하는 녀석도 있어요. 다른 가금류에 비해 지방 함량이 낮다는 특성도 있고요. 뼈 비율은 보통 14~17% 정도로 추정해요.

구입처 : 고령꿩농장

🍀 RMB류

가금류의 뼈 비율에 대해서는 앞서 한 번씩 소개했지만, 이번에는 RMB류의 뼈 비율에 대해 한번 살펴보려고 해요. RMB란 Raw Meaty Bone의 약자로 뼈에 살이 붙어 있는 형태를 지칭하죠. 예를 들어 등뼈나 목뼈 같은 것들이 대표적이에요.

개와 고양이는 사람에 비해 칼슘 요구량이 높기 때문에, 원시 상태에서는 주로 난각을 통해 칼슘을 섭취해 왔어요. 그러나 난각의 경우 다른 영양소들 대비 칼슘 비율이 너무 높다는 단점이 있어요. 반면 뼈는 칼슘뿐만 아니라 다양한 미네랄을 천연 상태로 공급할 수 있는 가장 좋은 재료라고 할 수 있어요.

그리고 뼈는 이상적인 [인 : 칼슘] 비를 지니고 있기 때문에 생식에 뼈를 추가한다고 해서 생식 전체의 [인 : 칼슘] 비가 무너질 염려를 하지 않아도 된다는 장점이 있기도 해요.

또한 뼈를 급여하면 변이 경화된다는 특징이 있어요. 아마 생식을 하면서 뼈를 과하게 급여하는 경우 아이들이 변비와 비슷한 상태가 되는 것을 경험한 반려인들도 있을 거라고 여겨져요.

이건 회분이라 지칭되는 미네랄들이 변에 다량 함유되면서 변을 건조시키고 뭉치게 하는 역할을 하기 때문에 나타나는 현상이에요. 그래서 적절한 뼈가 함유

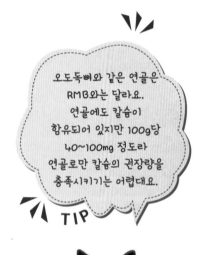

오도독뼈와 같은 연골은 RMB와는 달라요. 연골에도 칼슘이 함유되어 있지만 100g당 40~100mg 정도라 연골로만 칼슘의 권장량을 충족시키기는 어렵대요.

TIP

된 생식을 먹는 경우 변의 경화도가 높아지고, 배변할 때 이 적당히 경화된 변이 항문낭을 눌러주어 항문낭에 액체가 차지 않도록 도와주기도 해요.

그리고 골수의 지방에는 지방산과 지용성 비타민들이 저장되어 있어서 사실상 뼈와 장기, 내장육을 적절히 사용할 경우 타우린과 아이오딘, 비타민D 등의 몇 가지 영양소를 제외한 대부분의 영양소를 권장량에 충족시켜 급여할 수 있기도 해요.

개인적인 의견이기는 하지만, 저는 위와 같은 이유로 이상적인 생식은 뼈를 포함하는 생식이라고 보고 있고, 뼈를 포함하지 않는 생식을 장기간 운영하는 것에 대해서는 부정적인 입장이에요. 아무래도 뼈를 사용하지 않으면 부족이 나타나는 각종 미네랄의 공급을 위해 합성 미네랄 보충제를 사용해야 하기 때문이에요.

이런 합성 미네랄은 흡수율이 떨어진다는 문제가 있고 장기간 사용했을 경우 체내 독성 및 호르몬의 변화까지 야기할 수 있다는 일부 학자들의 주장 또한 존재하니까요.

뼈를 사용하는 생식의 경우 대동물의 뼈는 민서기에 갈아 급여하기 어렵다는 문제점이 발생해요. 장뼈를 직접 급여하기는 치아 파절에 대한 우려가 있기도 하고요. 그래서 보통 뼈와 살이 함께 붙어 있어서 뼈의 밀도가 조금 낮은 RMB류를 많이 급여해요.

그럼 뼈와 살을 따로 급여하지 않고, 뼈와 살이 붙어 있는 RMB류를 급여할 때 뼈의 비율에 대해 살펴보도록 할게요. 각 RMB에 따라 육류 및 RMB의 비율을 어느 정도로 맞추면 되는지 대략적인 가이드 또한 소개해 놓을 테니, 참고용으로 활용해 보세요.

🦴 뼈의 양이 중량의 50% 이상인 RMB
소 갈비(지방제거), 오리/칠면조의 목, 닭의 드럼 스틱, 소꼬리

- 개 : 육류 + 내장육의 비율 – 75% RMB 비율 – 25%~최대 50%
- 고양이 : 육류 + 내장육의 비율 – 90%, RMB 비율 – 10%~최대 20%

🦴 뼈의 양이 중량의 30%~40% 이상인 RMB
닭/칠면조/오리의 날개, 닭 목, 돼지갈비(지방제거), 칠면조의 드럼 스틱, 양의 정강이

- 개 : 육류 + 내장육의 비율 – 66% RMB 비율 – 33%~최대70%
- 고양이 : 육류 + 내장육의 비율 – 85%, RMB 비율 – 15%~최대 30%

🦴 뼈의 양이 중량의 20% 이상인 RMB
닭 한 마리, 닭 다리 전체, 양 갈비, 소의 T본, 양 등뼈, 오리 다리

- 개 : 육류 + 내장육의 비율 – 50% RMB 비율 – 50%~최대 100%
- 고양이 : 육류 + 내장육의 비율 – 80% RMB 비율 – 20%~최대 50%

🦴 뼈의 양이 중량의 20% 미만인 RMB
닭/칠면조의 허벅지, 뼈가 붙어 있는 구이용 돼지고기, 양 어깨

- 개 : 육류 + 내장육의 비율 33% RMB 비율 – 66%~최대 100%
- 고양이 : 육류 + 내장육의 비율 66% RMB 비율 – 33~최대 66%

그럼 RMB류의 뼈 비율에 따라 식이를 구성하는 방법에 대해 잠깐 살펴보도록 할게요. 몇 가지 예시를 보면 아마 적용하기 쉬울 거예요.

한 끼에 150g을 급여하는 개에게 뼈 비율을 25% 정도로 급여하기 위해서는 급여해야 할 뼈의 무게를 계산

> 150g(식이 총급여량) X 0.25(뼈 비율) = 37.5g

각 RMB의 뼈 비율에 따라 급여량을 계산
뼈 비율이 전체 중량의 50%인 RMB를 선택한 경우 : 37.5 X 100/50 = 75g
뼈 비율이 전체 중량의 30%인 RMB를 선택한 경우 : 37.5 X 100/30 = 약 124g

이런 방식으로 계산이 되었다면 RMB의 급여량 외에는 근육 고기를 추가해서 급여량을 맞추면 돼요.

한 끼에 80g을 급여하는 고양이에게 뼈 비율을 12% 정도로 급여하기 위해서는 급여해야 할 뼈의 무게를 계산

> 80g X 0.12 = 9.6g

각 RMB의 뼈 비율에 따라 급여량을 계산
뼈 비율이 전체 중량의 40%인 RMB를 선택한 경우 : 9.6 X 100/40 = 24g
뼈 비율이 전체 중량의 20%인 RMB를 선택한 경우 : 9.6 X 100/20 = 48g

따라서 뼈 비율이 20% 정도로 추정되는 통닭 전체를 간 경우 48g은 통닭 전체를 간 것을 사용하고 나머지 32g은 내장과 살코기를 섞어 급여하면 되는 거예요.
이 방법은 정확한 비율이라 생각하기보단 대략적인 뼈 비율 및 급여량을 예측할 때 사용하는 것을 권장해요.

◉ 내장류

　내장류는 생식에서 빠지면 안 되는 아주 중요한 재료예요. 날 것의 신선한 상태로 공급하면 각종 미네랄 및 비타민의 천연 보충제가 돼요. 당일 도축한 육류의 내장을 구입하셨다면 혹시 존재할지도 모르는 기생충의 사멸을 위해 3일 정도 냉동실에 보관한 후 사용하는 것이 좋아요.

　한여름에는 생 내장류를 급여하는 것에 대해 염려하는 반려인들도 있는데, 이럴 때는 살짝 익혀서 생식에 섞는 것도 가능해요. 다만, 내장류를 조리할 때에는 소량의 수분을 이용하여 겉면만 찌거나 삶는 것이 좋고, 조리에 사용한 물까지 함께 급여하는 것을 추천해요. 아무래도 지용성 비타민들은 열이나 수분에도 강하지만, 타우린 혹은 수용성 비타민들은 수분 및 열에 민감하기 때문에 약간의 조리만으로도 파괴되기 쉽기 때문이에요.

　내장류는 그 부위에 따라 살코기와 비슷하게 취급하기도 하고 장기로써 취급하기도 해요. 이는 각 부위의 영양 구성과 관계가 있어요. 예를 들어 간은 다양한 미네랄 및 비타민을 공급할 수 있다는 측면에서 장기로서 사용해요. 그러나 심장 및 근위와 같은 부위는 비타민이나 미네랄이 풍부하다기보다 인이 풍부한 근육 고기와 비슷한 영양 조성을 가지고 있기 때문에 살코기와 비슷하게 취급하는 것과 같아요.

　그럼 먼저 장기로 취급하는 내장류와 살코기와 비슷하게 취급하는 내장류에 대해 살펴보도록 할게요.

❖ 장기로서 급여 가능한 부위

간, 지라, 뇌, 흉선, 신장, 췌장, 난소

〈간〉　　　　　〈신장〉　　　　　〈췌장〉

❖ 살코기와 비슷한 영양 조성을 가지고 있는 부위
(근육 덩어리이거나 조직을 연결하는 부위)

심장, 폐, 혀, 근위, 기관지, 그린 트라이프, 식도, 힘줄

〈심장〉　　　　　〈근위〉　　　　　〈그린 트라이프〉

　내장은 보통 전체 생식 중량의 10% 정도를 사용하는 것을 기본으로, 살코기류로 취급할 수 있는 내장류를 사용할 경우 비율을 증량하는 것도 가능해요. 이런 비율은 기본적으로 개와 고양이가 먹이를 Whole Prey 상태로 섭취했을 때, 먹이가 된 동물의 신체에서 장기가 차지하는 비율에 맞추었다고 보면 돼요. 간은 전체 내장류 비율의 50% 이상을 사용하는 것이 좋아요.

　심장의 경우 주로 타우린을 공급하는 용도로 쓰여요. 그런데 타우린은 수용성이기 때문에 심장을 너무 심하게 세척하는 경우 물에 녹아 없어진다고 보면 돼요. 따라서 물에 오래 담가 두거나 심한 세척은 하지 않는 것이 좋아요.

이전에는 타우린이 냉동 시 파괴된다는 이야기들이 있었는데, 실제로 냉동에 의해 파괴되지는 않아요. 다만 수용성이기 때문에 냉동 후 해동 과정에서 수분이 빠지게 되면 타우린도 함께 빠져나오겠죠? 그래서 그 수분까지 같이 섭취시키지 않는다면 부족이 초래될 수 있어요.

내장까지 모두 함께 갈아서 생식을 만들고, 냉동-해동 과정을 거쳐 급여할 때에는 해동 과정에서 배출된 수분까지 모두 섭취시키는 것이 좋아요. 그럼 대표적으로 많이 사용하는 내장류의 대략적인 영양소의 상태를 확인하도록 할게요.

함유한 정도는 각 동물에 따라 다르지만 함유된 비율은 거의 비슷하기 때문에, 정확한 수치로써 사용하기보다는 어떤 영양소를 충족시키기 위해 어떤 내장 부위를 사용해야 하는가를 파악하는 정도로 활용하면 좋을 거예요.

🦴 조리하지 않은 재료 100g 당 영양 함유량

	간	신장	심장	췌장	폐
철(mg)	4~13	3.7~4.5	3.3~5.1	2.1~2.3	5.2~18.9
아연(mg)	3.3~6.9	1.5~2.4	1.7~2.3	1.8~2.6	1.1~2.0
셀레늄(μg)	50~60	210~240	0	20.7~40.8	172.~89
비타민A(μg)	1,100~1,400	4~75	9~700	0	0~14
비타민B1(mg)	0.2~0.4	0.3~0.5	0.2~0.4	0.03~0.1	0.05~0.08
비타민B2(mg)	1.8~3.6	0.8~1.8	0.9~1.1	0.2~0.5	0.2~0.4
비타민B3(mg)	4.5~14.0	9.7~9.8	5.8~6.0	3.8~4.5	3.3~4.1
비타민B6(mg)	0.57~0.89	0.43~0.45	0.21~0.32	0.07~0.2	0~0.1
비타민B12(μg)	25.2~52.8	15.2~22.1	1.7~12.7	6~16.4	2.8~3.9
엽산(폴산) (μg)	810~1,300	130~250	5~43	3~13	0~12
비오틴(μg)	76~232	89~99	0	ND	ND
리놀산(mg)	200~270	230~460	290~1,900	ND	ND
EPA+DHA(mg)	19~218	2~77	0~70	0	0~20
타우린(mg)	20~110	23~77	65~118	ND	78~96
콜린(μg)	194~333	223~333	126~231	ND	ND

* ND : 가용할 데이터가 없음

그럼 마지막으로 대표적인 각 내장의 특징들을 살펴보는 것으로 마무리하도록 할게요.

🐾 주요 장기

간　비타민A 및 B군, 각종 미네랄을 풍부하게 함유하고 있어요. 사용하지 않을 경우 이러한 영양소들의 부족을 염두에 둬야 해요. 조혈 작용 및 해독을 도와 전신의 순환을 원활하게 하는 데 도움을 줘요.

신장　셀레늄이 풍부한 재료예요. 신장에서 에리스로포이에딘(EPO)이라고 조혈을 돕는 호르몬이 생성되기 때문에 신장을 섭취하게 되면 조혈 작용을 도울 수 있어요. 염증을 억제하는 작용도 하기 때문에 염증성 질환을 앓고 있을 때 사용하면 도움이 될 수 있어요.

심장　타우린이 풍부해요. 앞서 이야기한 것과 같이 영양의 조성이 근육과 비슷하기 때문에 비록 장기이기는 하지만 살코기로 생각하고 사용해야 해요.

췌장　췌장에서는 단백질, 탄수화물, 지방의 소화를 돕는 판크레아틴이라는 소화 효소가 분비되고, 혈당을 조절하는 인슐린이나 글루카곤과 같은 각종 호르몬도 분비돼요. 따라서 췌장을 섭취하는 것으로 소화를 도와 위장관 질환을 예방하거나 치료하는 데 사용할 수 있어요. 실제로 개와 고양이의 췌장염에 다른 동물(돼지 등)의 췌장을 급여하는 처방이 존재해요.

폐　철이 풍부한 폐를 섭취하면 호흡기 및 조혈에 도움을 줄 수 있어요.

❀ 기타 장기

비장　혈액을 저장하는 기관이니만큼 철의 함유량이 높아요. 비타민A가 거의 포함되어 있지 않으므로, 비타민A를 보충하지 않으면서 철을 급여할 수 있는 좋은 부위예요. 반려동물이 철 부족성 빈혈 등으로 철의 보충이 필요할 때 사용해 볼 수 있어요.

혀　지질과 리놀산이 풍부하며 심장 이상으로 타우린을 함유하고 있어요.

뇌, 척수　신경 세포가 모여있는 뇌나 척수의 경우 EPA, DHA, 콜린 등이 풍부해요.

트라이프, 소장　트라이프는 반추 동물의 반추위를 의미하므로 각종 소화 효소 및 유익균, 동물성 식이섬유 등을 제공해요. 소장 역시 소화 및 흡수의 대부분이 이루어지는 기관이니만큼 트라이프와 같이 각종 소화 효소 및 유익균 공급 등의 장점을 가지고 있어요.

♀ 채소 및 과일

채소 및 과일은 수분을 공급할 수 있고 카로티노이드, 폴리페놀, 식물 섬유, 비타민 등이 풍부하기 때문에 적절한 양을 급여하는 것으로 천연 영양소를 제공하는 좋은 방법이 될 수 있어요. 다만 GI(Glycemic Index: 혈당 지수　이 수치가 높을수록 섭취 후 혈당이 빠르게 증가함)가 높은 일부 채소 및 과일이 있기 때문에 적절한 양과 종류의 선택이 중요해요.

채소나 과일은 섬유소가 풍부한데, 이 섬유소가 끊어지지 않고 통째로 급여되면 제대로 소화되지 못하고 그대로 배설되는 경우가 있어요. 또 고양이의 경우 섬유소를 분해할 수 있는 소화 효소가 없고, 맹장도 퇴화되었기 때문에 섬유소를 분해하는 유익균 또한 적어요.

그래서 재료들을 잘게 잘라 소화 및 흡수를 돕는 방법으로 급여하는 것이 좋아요. 잘게 다지거나 갈아서 퓌레를 만드는 방법이 있고, 잘게 자른 재료들을 가지고 발효시켜서 만든 발효 채소도 있기 때문에 각각의 장점 및 단점을 확인하고 각자에게 맞는 적합한 방법을 선택하는 것을 추천해요.

🐾 다지기

잘게 다지는 방법은 아무래도 재료의 보관에서 장점을 찾을 수 있어요. 자른 형태로 보관하면 간 형태인 퓌레에 비해 신선도를 조금 더 오래 유지할 수 있으니까요. 또한 섬유소가 형태 그대로 공급되기 때문에 장내에서 양을 불리는데 용이해서 적은 양을 먹고도 포만감을 느낄 수 있는 등의 장점을 누릴 수 있어요.

그러나 항염증 성분이나 비타민들이 섬유소 벽에 둘러싸여서 제대로 흡수되지 않는다는 단점이 있고, 이로 인해 흡수되지 않은 섬유소가 복부 팽만이나 위장관 문제를 일으킬 가능성이 있다는 우려도 있어요.

🐾 퓌레

채소와 과일을 갈아서 퓌레 형태로 급여하게 되면 항염증 성분이나 비타민들의 소화 및 흡수가 쉽고, 이로 인해 위장관이 휴식할 수 있다는 장점이 있어요. 또한 부피도 다진 채소나 과일의 양에 비해 상당히 줄어들기 때문에 급여가 용이하기도 해요.

그러나 퓌레 형태로 만들게 되면 산소와 접촉하는 면적이 넓어지면서 신선도의 저하가 빠르게 진행되기 때문에 조심해야 하고, 혈당을 빠르게 올릴 수 있다는 단점이 있어요.

🐾 발효 채소

발효 채소는 채소나 과일에 프로바이오틱스 보조제를 넣은 후 발효시켜 급여하는 방법이에요. 채소를 모두 잘게 썰거나 다진 것에 프로바이오틱스 파우더를 2tsp 정도 넣은 후 약 1주 정도 보관했다가 발효되었을 때 급여하는 것이죠. 아무래도 프로바이오틱스를 넣어서 유익균이 풍부하기 때문에 위장관에 도움을 줄 수 있고, 비타민 K2를 적절히 공급할 수 있는 가장 좋은 천연 재료이기도 해요.

보조제 선택법 Tips

처음에 생식의 종류를 나눌 때, 자연식과 영양제 생식이라는 두 가지 종류로 구분된다고 이야기했었죠. 간단하게 다시 한번 정리하자면, 자연식은 식재료만으로 개와 고양이들에게 필요한 모든 영양 구성을 맞추는 것이고(일부 비타민B군, 오메가3 제외), 영양제 생식은 식재료만으로는 맞추기 힘든 영양소들을 영양제를 통해 맞추어서 급여하는 거예요.

예를 들어 채소나 과일을 통해 비타민B군을 맞추려면 상당히 많은 양이 필요하게 돼요. 그럼 육식 동물이라는 개, 고양이의 식이에 걸맞지 않는다고 할 정도로 채소와 과일이 과다된 식단이 만들어질 가능성이 있고, 기호도 또한 저하될 우려가 있죠. 그래서 이런 때에는 보조제를 사용하여 영양 프로파일을 맞추게 돼요.

그런데 이런 보조제들이 합성인 것들이 많고, 공정 과정을 거치기 때문에 아무래도 신중히 선택해야 하는 면이 있어요. 특히 과다된 수용성 비타민이나 아미노산 등은 모두 간에서 대사하여 신장을 통해 배출되기 때문에, 간과 신장의 부담을 줄이기 위해서라도 천연 성분이나 푸드 스테이트 상태의 퀄리티가 높은 보조제를 선택하는 것이 좋아요.

🐾 비타민B

비타민B군을 지원하는 영양소는 비타민B 콤플렉스 제품과 영양 효모 등이 있어요.

비타민B군은 각 비타민B마다 활성형이라는 것이 있고, 활성형일수록 흡수율이 증가해요. 그래서 되도록 활성 형태가 많이 함유된 제품을 고르는 것이 좋아요.

또한 앞서 이야기한 대로 과다된 비타민B는 신장에서 여과되어 소변을 통해 배출되기 때문에, 과량에 따른 독성이 적다고 하더라도 신장의 부담을 줄여주기 위해 천연 추출물이라든가 푸드 스테이트 제품을 사용하는 것을 추천해요.

비타민B군은 수용성이기 때문에 냉-해동 과정에서 소실될 가능성이 있으므로 충분히 넣어주는 것이 좋아요. 비타민B 콤플렉스는 집중적으로 비타민B군을 급여할 수 있고, 영양 효모는 비타민B군 외에도 미네랄 또한 급여할 수 있어요. 영양 효모는 비타민B군에 비해 기호도가 좋고 과도한 과부족을 피할 수 있다는 장점이 있어요.

다만 영양 효모의 원료들이 다양하기 때문에 알러지가 발현될 가능성이 있으니, 생식에 넣어 섞기 전에 소량을 단독으로 테스트해 본 후 사용하는 것이 좋아요.

비타민B군의 보조제로 소개할 수 있는 제품은 쏜리서츠, 이네이트 비타민B 콤플렉스, 푸드 얼라이브 영양 효모, 칼 영양 효모 등이 있어요.

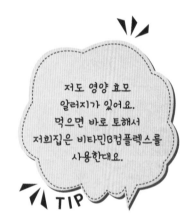

저도 영양 효모 알러지가 있어요. 먹으면 바로 토해서 저희집은 비타민B컴플렉스를 사용한대요.

TIP

쏜 리서츠 비타민B(Thorne Research B Complex)
포함되어 있는 8가지의 비타민B군 중 리보플라빈, 나
이아신, 피리독신, 엽산, 코발라민의 5가지가 활성형 형
태예요. 합성형 비타민B군 중 활성 형태의 종류가 가장
많다는 장점이 있어요.

이네이트 비타민B(Innate Response Formulas, B
Complex) 비타민B의 경우 식품 상태의 천연 비타민
이 가장 좋아요. 합성 비타민이 아무리 많은 활성 형태
의 비타민을 포함하고 있다고 해도 천연 비타민의 흡수
율을 따라갈 수 없기 때문이에요. 그래서 식품 형태의
천연 비타민B군은 합성 비타민과 비교할 때 가격도 상
당히 비싼 편이에요. 이네이트 비타민B 콤플렉스의 경
우 이런 조건을 모두 충족하는 제품이에요. 효모와 브
로콜리, 시금치에서 추출한 천연 비타민으로 이루어져
있어요.

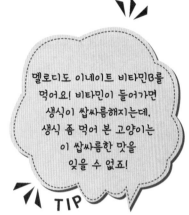

멜로디도 이네이트 비타민B를
먹어요! 비타민이 들어가면
생식이 쌉싸름해지는데,
생식 좀 먹어 본 고양이는
이 쌉싸름한 맛을
잊을 수 없죠!

TIP

푸드 얼라이브 영양 효모(Food Alive, Superfoods,
Nutritional Yeast) 대부분의 영양 효모들이 합성 형
태의 비타민을 사용하는 데 반해 푸드 얼라이브의 경우
천연형을 사용해요. 치즈 향이 나는 제품이기 때문에
아이들에 따라 기호도에 차이가 있으니, 먼저 소량 사
용해 보는 것을 추천해요. 그러나 사실상 효모에서 추
출한 비타민B의 경우 천연형으로 분류하지는 않기 때
문에 천연형 제품들과 번갈아 가며 급여하면서 완충하
는 것이 좋아요.

칼 영양 효모(KAL, Nutritional Yeast)　충분한 비타민B군을 공급할 수 있고, 단백질과 함께 콜린, 이노시톨과 같은 비타민이나 아미노산도 일부 포함되어 있기 때문에 이것을 염두하고 사용하는 편이 좋아요.

영양 효모 같은 경우 생식에 섞어 급여하기보다는 소량씩 토핑 형식으로 뿌려 주는 것을 추천해요.

🐾 비타민E

비타민E는 식품만으로 요구량을 충족시키기 어려운 대표적인 영양소예요. 시중에 천연 토코페롤 제품이 다양하게 출시되어 있어요. 비타민E의 경우 지용성 비타민이기는 하지만 오일 형태일 때나 파우더 형태일 때나 흡수율에는 별 차이가 없어요. 따라서 사용이 간편한 파우더리 제품을 추천해요.

보통 d-알파-토코페롤의 경우 1IU=671mcg으로 환산, dl-알파-토코페롤의 경우 1IU=909mcg로 환산하여 사용해요. 많은 양이 요구되지는 않으므로 100IU, 200IU 정도로 역가가 작은 제품을 사용하는 것이 좋아요. 또한 대두 등 알러지를 보일 수 있는 원료에서 추출되는 경우가 있으므로 해당 식품에 대해 알러지를 가지고 있다면 원료를 잘 살펴보는 것도 필요해요.

신체에서 가장 활성도가 높은 것은 알파 토코페롤이고 식품에서 가장 활성도가 높은 것은 감마 형태예요. 따라서 비타민E의 공급을 위해서는 알파 토코페롤이 가장 많이 함유되어 있는 제품으로 고르는 것이 좋아요.

솔라레이 비타민E 200IU(Solaray Vitamin E 200IU)　파우더형 제품으로 천연 풀 스펙트럼 토코페롤 믹스 제품이에요.

A.C GRACE UNIQUE E(A.C GRACE UNIQUE E)　풀스펙트럼의 천연 비타민E로 잘 알려진 프리미엄 비타민E 전문 제조사의 제품이에요. 파우더형 제품이 없기는 하지만 팅크형 제품으로 선택하면 사용하기 간편할 거예요.

🌸 비타민D

비타민D는 식품을 통해 섭취하기 어려운 영양소 중의 하나예요. 앞서 필수 영양소에 대해 살펴볼 때, 개와 고양이는 햇볕을 통해 비타민D를 합성할 수 없다고 이야기했었죠.

따라서 난황이나 간과 같은 식품을 통해 제공되는 양이 부족하게 되면 보조제의 사용을 염두에 둬야 해요. 비타민D를 급여할 수 있는 대표적인 보조제로는 비타민D 및 대구 간유 등이 있어요.

비타민D 보조제의 경우 흡수율을 생각했을 때 오일 타입을 선택하는 것이 좋아요. 그리고 역가는 작은 것으로 선택하는 것을 추천해요. 흡수가 어렵고, 식품으로 섭취하는 것은 사람도 어려워서 사람에게서도 많이 부족한 영양소가 바로 비타민D예요. 그러다 보니 역가가 5,000IU, 10,000IU 정도씩으로 메가도즈형 제품이 많은데, 이런 제품들은 개와 고양이의 생식용으로는 부적절해요.

1드롭 당 100IU 정도씩인 유아용 비타민D 제품이 사용하기에 가장 적합할 거예요. 대구 간유의 경우 비타민A 또한 다량 함유되어 있기 때문에 만약 대구 간유로 비타민D를 맞출 때는 비타민A의 과량 정도를 반드시 확인해야 해요.

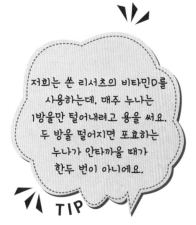

저희는 쏜 리서츠의 비타민D를 사용하는데, 매주 누나는 1방울만 털어내려고 용을 써요. 두 방울 떨어지면 포효하는 누나가 안타까울 때가 한두 번이 아니에요.

TIP

쏜 리서츠 비타민D(Thorne Research, Vitamin D) 2드롭에 1,000IU이기 때문에, 1드롭 500IU의 제품이에요. 대량 벌크 형태로 생식을 만드는 분들이 사용하기

좋아요. 스포이드 형식이 아니고 드롭퍼가 병 입구에 달려 있어서 병을 털어서 사용해야 하는 불편함이 있어요.

노르딕 네츄럴스 DHA 인펀트 with vit D3(Nordic Naturals, DHA Infant with vitamin D3) 대구 간유예요. 노르딕의 다른 대구 간유 제품들이 레몬이나 자몽 향이 섞여 있는 데 반해 향이 첨가되지 않은 제품이에요. 스포이드가 달린 드롭 방식이고 DHA양도 상당하기 때문에 일반적인 피쉬오일을 사용하며 EPA 및 DHA의 비율을 조정하고 싶은 반려인에게도 좋은 제품이에요.

🐾 오메가3

오메가3 지방산의 이점은 이미 많이 알고 있을 것이기 때문에 구태여 설명하지 않을게요. 우리가 개와 고양이에게 급여해야 하는 오메가3 지방산은 EPA와 DHA예요. 이 지방산들이 염증을 억제하고 뇌, 신장, 심장, 관절 및 혈관 질환들에 영향을 주는 것이에요. 그래서 피쉬 오일을 선택할 때에도 이 EPA와 DHA의 양을 확인해야 해요.

오메가3와 같은 오일형 제품들은 산패될 가능성이 높아요. 특히 피쉬 오일의 경우 제품으로 출시되어 나온 것들 중 50% 이상이 산패되었다는 연구 결과가 있어서 충격을 주기도 했었죠.

또 오일 전문사가 아닌 경우 오일을 사 와서 리패키징을 통해 자신의 브랜드를 걸고 판매하게 되는데, 많은 보조제 회사들이 산패율이 높은 중국이나 인도산 덤핑 오일을 구입하여 판매한 것이 적발되면서 큰 문제가 되기도 했어요. 그래서 오일 전문사에서 전문적인 핸들링(handling) 과정을 통해 만든 산패 가능성이 낮고, 순도가 높은 제품을 선택해야 해요.

대표적인 오일 전문 제조사로는 노르딕 네츄럴스가 있어요. 피쉬 오일은 EPA와 DHA 합산량이 높은 rTG형태의 저온 초임계 추출 방식을 사용한 제품을 선택하는 것이 가장 좋아요.

또한 중금속의 축적을 생각했을 때 참치나 연어, 대구와 같이 먹이 사슬의 상위에 있는 대형 어종보다는 앤초비처럼 먹이 사슬 하위의 소형 어종에서 추출한 오일을 급여하는 것이 좋아요.

한편 피쉬 오일의 낮은 흡수율 때문에 크릴 오일을 사용하는 경우도 있어요. 크릴 오일의 경우 흡수율이 일반적인 EE형의 피쉬 오일에 비해 3~4배 정도 높다는 특징이 있어요.(이게 정말인지 광고인지에 대해서는 학계에서도 의견이 분분해요.) 다만 크릴 오일 또한 제조 과정에서 산패율이 높기 때문에 핸들링 기술을 인정받은 특정 제조사 제품을 선택해야 해요.

현재 크릴 오일의 원료 제조사로 인정받고 있는 곳은 넵튠(NKO), 에이커(슈퍼바), 엔지모텍(K-Real) 등의 세 곳이 있어요. 크릴 오일의 경우 이 세 제조사의 제품들을 각 보조제 회사들이 구입하여 판매하는 것이에요.

패키징에 보면 각각 어떤 회사의 제품을 사용하는지 표기되어 있으니, 꼭 세 곳 제조사를 확인하고 선택해야 해요. 그리고 크릴 오일은 갑각류에 알러지가 있다면 급여할 수 없기도 하니, 알러지 상태를 먼저 확인하고 제품을 선택하는 것이 좋아요.

노르딕 네츄럴즈 프로오메가(Nordic Naturals Proomega)　치료용 등급의 오메가3예요. 1겔당 EPA 325mg, DHA225mg이 함유되어 있어요. 노르딕이 대표적인 오일 제조사라 이야기한 만큼 다양한 연구를 통한 전문적인 핸들링으로 순도가 높은 제품을 생산해 내요. 피쉬 오일을 섭취했을 때의 비린내가 나는 역한 반응을 낮추기 위해 레몬이나 사과 혹은 자몽과 같이 시트러스계 과일의 껍질이나 향을 사용하는 경우가 있으니, 이런 것들을 사용하지 않은 무향 제품을 선택하는 것이 좋아요.

캘리포니아 골드 오메가 800(California Gold Nutrition, Omega800)　1겔당 EPA와 DHA를 합산해 800mg이 들어 있는 고농도 의료용 등급의 제품이에요. 원래는 마드레랩스라는 오일 전문사가 유럽 약전을 지켜 만들었는데 제조는 그대로, 북미 내 유통 및 판매사는 캘리포니아 골드로 바뀌었어요. 고농도에 비해 가격이 저렴해서 높은 가성비를 보여주는 제품이에요.

메가레드(Megared)　코스트코와 같은 대형 유통 마켓을 통해 크릴 오일의 열풍을 일으킨 장본인이에요. 많이 급여하는 제품은 1겔당 EPA 50mg, DHA 24mg을 함유하고 있고, 에어커의 슈퍼바를 원료로 사용해요. 크릴의 경우 흡수율이 높기 때문에 EPA와 DHA의 함유량이 일반적인 피쉬 오일에 비해 낮은 경향이 있어요.

나우푸드, 소스 네츄럴 NKO(Nowfood, Source Naturals NKO)　넵튠사에서 공급하는 크릴 오일의 상표가 NKO고, NKO를 사용하는 대표적인 업체가 나우푸드 및 소스 네츄럴이에요. 같은 오일을 사용하고 캡슐의 원료 정도만 다르기 때문에 어떤 회사의 제품을 사용해도 같다고 보면 돼요.

라이프스파(Lifespa)　넵튠 사에서 새롭게 선보이는 타입의 오일이에요. 흡수가 잘 될 수 있는 방식을 사용하고 분해 과정을 생략할 수 있도록 만들었기 때문에, 췌장 질환과 같이 지방과 관련한 문제가 있거나 라이페이스(지방 대사 효소)에 문제가 있을 때에도 사용할 수 있어요. DHA의 흡수율이 높은 제품이기 때문에 뇌신경 관련 문제가 있을 때에도 도움을 줄 수 있고요.
　라이프스파사의 제품 말고도 넵튠 사의 새로운 오일을 사용하는 보조제 회사가 다양하게 있기 때문에(자이모겐 등) 다른 곳의 제품을 사용해도 돼요. 라이프스파는 미니겔이기 때문에 급여가 간편할 수 있다는 장점이 있지만, 캡슐이 엔테릭 코팅된 피쉬젤라틴이라 간혹 알러지를 보이는 아이들이 있어요. 이럴 경우 캡슐을 제외하고 오일만 주사기로 뽑거나 란셋 같은 것으로 추출해서 급여하면 피쉬젤라틴으로 인한 문제를 피할 수 있어요.

생식 보관법 Tips

생식은 보통 매일 만들어 급여하기에는 영양 밸런스를 맞추어 제작하는 데 어려움이 있기 때문에, 많은 양을 한 번에 만들어 보관하며 급여하는 방식을 사용하게 돼요. 이제부터 이야기할 생식 보관을 위한 팁을 숙지한다면 신선하게 보관하여 급여하는 데 도움이 될 거예요.

보관 가능 기간

매일 만드는 형태라면 재료를 냉장 상태로 2~3일 정도까지 보관하며 소진해야 해요. 벌크 형태로 만들어 급여하는 것이라면 냉동 보관을 해야 하고, 최대 두 달까지 보관할 수 있어요.

냉동 보관을 하더라도 수분이 소실되며 상태 변성이 일어나기 때문에 두 달 전에 소진하는 것을 권장해요.

◉ 보관 용기의 선택 ─────────────

❀ 소분 봉투

[GLAD] 매직랩

약 4~5년 전만 하더라도 실링기를 이용하여 소분 봉투에 생식을 소분하는 경우가 많았어요. 소분 봉투를 이용하게 되면 전반적으로 부피를 줄일 수 있어서 보관이 편하다는 장점이 있어요. 또 보통은 1회 급여량 정도로 나누어서 소분하기 때문에 해동이 쉽다는 것도 장점일 수 있고요.

그러나 냉동 상태라고 해도 아무래도 봉투만으로는 장기간의 보관이 어렵기 때문에 커다란 용기를 사용하여 그 안에 쌓아서 보관해야 하는 등의 단점이 존재하고, 수십 개의 봉투에 나누어 담고 각각을 실링하거나 접착을 해야 하는 소분 지옥이 펼쳐지기도 해요.

저라면 1~2묘, 1~2견으로 생식을 만드는 주기가 2~3주 정도로 짧다면 접착식 랩이나 진공 압축팩을 사용해서 소분한 후, 다시 냉동고용 용기에 차곡차곡 쌓아서 보관할 것 같아요.

그러나 다묘나 다견일 경우에는 시도할 생각을 하는 것조차 벌써 지옥이 펼쳐지는 것 같고요. 아래의 각 소분 봉투들의 장단점들을 살펴보면, 선택하는 데 도움이 될 거예요.

입구를 닫을 수 있는 지퍼락 류	장점	포장이 간편
	단점	장기간 냉동 보관이 어려움
실링기를 사용하여 접착해야 하는 비닐 봉투	장점	한 끼 분씩 소분 가능, 해동 용이
	단점	소분 지옥
진공 압축팩	장점	진공 상태라 보관 기간이 다른 소분 봉투에 비해 김
	단점	실링기보다 한층 더 심한 소분 지옥이 펼쳐짐
접착식 랩 (GLAD Press'n Seal)	장점	비교적 간편하게 공기를 제거해서 포장 할 수 있음
	단점	일일이 손으로 눌러서 공기를 제거한 후 접착해야 하므로 역시나 펼쳐지는 소분 지옥

❀ 유아용 이유식 용기

[베베락] 클린 트라이탄 이유식 용기

다양한 용량 및 재질이 존재하고 장기간의 냉동 보관에도 용이하며, 소분이 매우 간단하다는 장점이 있어요. 다만 설거지 및 소독의 문제가 생기는 단점이 있기도 하죠.

저희 집은 160~280mL 정도의 사이즈 제품을 다양하게 사용하고 있고, 보통 물을 섞지 않고 만든 생식 220g+300g 정도를 한 번에 급여해요.

용기의 정량은 160~280mL이지만, 실제 무게로는 부피보다 많은 양이 들어가는 편이거든요. 거기에 적당량의 물을 섞으면 저희 집 6묘에게 급여할 수 있는 한 끼분이 나와요.(잊지 마세요. 저희 집 아이들은 장모 돼지라는 것을.) 소분을 할 때에는 냉동할 것을 감안하여 용기의 끝까지 꽉 채우지 않는 것이 좋아요. 용기 끝까지 내용물이 차면, 냉동 시 부피가 늘어나게 되면서 뚜껑이 열려 공기 중에 노출되는 부분이 생기거든요.

만약 냉동 후에 용기 뚜껑이 열리지 않았다고 하더라도, 용기를 닫으려고 돌리는 스크류 부분까지 재료가 꽉 차게 되면 설거지가 너무 힘들어져요. 보통 뚜껑에 밀폐를 위해 고무 패킹이 들어가 있는데, 이 사이에 고기가 끼면 하나하나 솔로 닦아서 제거해야 하거든요.

대부분의 유아용 이유식 용기가 대동소이하므로 유리나 트라이탄과 같이 특별히 원하는 재질이 있지 않는 이상 어떤 용기를 사용하든 비슷해요. 적당히 원하는 사이즈가 있는 제품들을 선택하면 돼요. 트라이탄 용기의 경우 100℃ 이상에서 소독할 경우 용기 변형이 일어나기도 하니 조심해야 해요.

[베베락] 실리콘 톡톡

🐾 아이스 트레이

유아용 용기 제조사에서 출시되는 아이스 트레이의 경우 용량이 크다는 장점이 있어요. 일반적인 얼음 용기와는 다르게 한 칸에 80~100mL 정도까지 저장할 수 있고, 보통은 뚜껑이 있어서 산소를 차단할 수 있어요.

또 아이스 트레이 특성상 용기가 납작하기 때문에 층층이 쌓아서 보관하면 많은 공간을 차지하지 않는다는 장점도 있고요. 실리콘 톡톡과 같은 제품을 사용하여 급여 전 미리 작은 용기에 한 덩이씩 덜어내어 해동하면 간편하기도 해요. 퓨레 등을 만든 후 보관하기에도 용이하고요.

다만 다견 및 다묘 가정에서는 사용이 불편하다는 단점이 있고요. 아무래도 다견, 다묘 가정의 경우 1회 생식 소비량이 크기 때문에 아이스 트레이 전체를 1개 이상 사용하여 급여해야 할 수 있으니까요.

🐾 가정용 냉동 용기

[실리쿡] 냉동실 정리 세트

보통 마트 같은 곳에서 판매하는 가정용 냉동 용기예요. 널찍하고 평편한데 한 번에 300~1,000mL 정도까지 보관 가능해요. 그래서 다묘, 다견 혹은 대형견 반려 가정에 적합하다고 볼 수 있어요. 용기 하나 당 다량 저장이 가능하고 납작하고 평편하다 보니, 냉동실의 공간을 차지하는 비율이 적기 때문이죠. 그러나 아무래도 한 번에 많은 양을 저장하므로 해동이 불편할 수 있다는 단점이 있어요.

이렇게 다양한 보관 방법에 대해 살펴보았어요. 각각이 가진 장단점이 있고, 아이들의 수에 따라서 더 좋은 방법들이 있기 때문에 특정한 무엇이 '베스트!'라고 할 수는 없을 것 같아요. 각각 단점과 장점을 잘 읽어 본 후 심사숙고해서 '나에게는 베스트!'인 방법을 찾을 수 있기를 바랄게요.

비타민에는 상호작용이 존재해요. 자세히 설명하자면 아래와 같아요.

· 특정 비타민의 최적의 흡수를 위해 다른 비타민이 필요한 경우
비타민B12(코발라민)의 흡수를 위한 비타민B6(피리독신)
비타민B1(티아민)의 흡수를 위한 엽산

· 과잉된 특정 비타민이 다른 비타민의 흡수 또는 대사를 방해하는 경우
비타민E가 비타민K를 방해
비타민B6(피리독신)가 비타민B3(나이아신)를 방해
비타민B1(티아민)이 비타민B2(리보플라빈)를 방해

· 특정 비타민의 대사를 위해 다른 비타민이 필요한 경우
비타민B2(리보플라빈)는 비타민B6(피리독신)와 비타민B3(나이아신)의 대사를 위해 필요
비타민B6(피리독신)는 비타민B3(나이아신)의 대사를 위해 필요

· 특정 비타민의 이화작용 또는 소변을 통한 유실을 방지하기 위해 필요한 경우
비타민C는 비타민B6(피리독신)의 유실을 방지

· 특정 비타민의 산화를 통한 파괴를 방지하는 경우
비타민E는 비타민A를 보존
비타민C는 비타민E를 보존

· 특정 비타민의 과잉으로 다른 비타민의 부족 진단을 모호하게 하는 경우
엽산 부족은 비타민B12(코발라민)의 부족에 의해 가려짐

그러나 이런 상호작용은 참고 사항일 뿐, 여기에 너무 치중하여 식이를 구성할 필요는 없어요. 각 영양소의 양이 권장량 내에서 충분히 확보되고, 비율이 너무 치우치지 않는다면 필요한 양만큼은 섭취할 수 있으니까요.

NAME 토라

BIRTHDAY 2014년 8월 15일

BREED 아메리칸 컬

토라는 입양했을 당시 매우 약하고 링웜과 같은 면역 관련 질병을 가지고 있었어요.

그러나 별다른 치료 없이도 집에서 만든 생식을 먹고 차츰 면역을 회복하고 질병을 이겨냈어요.

토라도 입양 후 생식을 너무 좋아해서 코코아 누나와 함께 늘 생식 서리단으로서 열심히 활동을 이어갔어요. 지금도 토라는 밥시간을 가장 기다리고, 제가 싱크대 주변만 어슬렁거려도 흥분해서 어쩔 줄을 모를 정도로 생식을 좋아해요.

그런데 안타깝게도 토라는 가금류 중 오리에 불내성을 가지고 있어요. 다만 생식으로 오리를 먹을 때는 괜찮지만 상업용으로 나온 습식(화식)을 급여하게 되면 불내성이 나타나고 바로 토출이 일어나요.

태생적으로 위장관의 상태가 좋은 아이는 아니기 때문에 급하게 먹거나 흥분하며 먹으면 100% 토출을 하는 아이이기도 하고요. 그래서 토라는 밥을 먹을 때 옆에서 제가 완급을 조절해줘야 할 때가 있어요.

그래도 입양될 때 500g도 되지 않았던 아이가 생식을 와구와구 먹고 지금은 5kg대의 잔병치레 한번 없는 건강한 아이로 자랐어요.

생식 시작하기
Part 1

각 영양소의 요구량 및 가이드

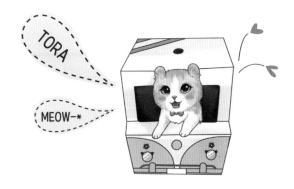

TORA

MEOW—*

소문난 생식 맛집의 비법 공유서

각 영양소의 요구량 및 가이드

이번 챕터에서는 레시피를 작성하기 전 확인이 필요한 개와 고양이의 영양소 요구량이 어떻게 되는지, 또 어떤 재료들을 통해 필요한 요구량을 충족시킬 수 있는지에 대해 살펴보도록 할게요. 식품 속에 함유되어 있는 양보다는 생식 레시피를 작성할 때, 부족하기 쉬운 미량 영양소를 기준으로 설명할 거예요.

그런데 예외가 하나 있어요. 원래 탄수화물의 경우 개와 고양이 식이에서의 요구량이 '0'이기 때문에 영양 요구량을 가이드하는 이번 챕터에서는 다룰 필요가 없는 내용이에요. 그러나 탄수화물을 반드시 사용해야 하는 경우도 있기 때문에, 탄수화물은 요구량이 아닌 조금 더 현명하게 섭취시킬 수 있는 방법에 대해 이야기하도록 할게요.

🐾 탄수화물 🐾

앞서 설명한 것처럼, 개와 고양이의 식이에서 탄수화
물의 영양적 요구량은 '0'이지만, 불가결하게 필요할 때
가 있어요.

슈나우저나 비글과 같이 지방 소화에 어려움을 겪는
특정 종은 레시피에서 지방의 양을 줄이고 탄수화물을
사용해야 할 필요가 있어요. 또, 신장염, 시스틴뇨증,
단백뇨증처럼 식이 단백질의 양이 양상에 영향을 주는
특정 질병들의 경우에도 단백질의 양을 줄이고 탄수화
물로 대체해야 할 필요가 있고요.

그렇다고 탄수화물을 무분별하게 사용하거나, 단백
질과 지방의 양을 대폭 줄이고 필요 이상 과하게 사용
하는 경우에는 췌장염이나 암, 당뇨와 같은 질환의 발
병에 영향을 주기도 해요.

그래서 탄수화물은 요구량에 대한 설명이 아닌, 불가
결하게 섭취시켜야 할 때는 어떤 기준으로 탄수화물원
을 선택하면 조금 더 안전하고 효과적인가에 대해 살
펴보려고 해요.

GI / GL이 낮은 식품   GI는 Glycemic Index의 약
자로 혈당지수를 의미하고, GL은 Glycemic Load의 약
자로 당부하를 의미해요. GI는 어떤 식품을 섭취했을
때, 당이 오르는 속도를 나타내는 지표이고, GL은 GI
를 보완한 개념으로 당의 흡수율을 감안한 지표라고
이해하면 쉬워요.

GI가 높은 식품들은 섭취 후 혈당을 빠르게 올리는
특징이 있어요. 그럼 그에 맞춰 인슐린이 빠르게 다량

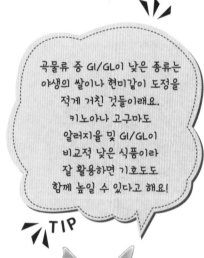

TIP

곡물류 중 GI/GL이 낮은 종류는
야생의 쌀이나 현미같이 도정을
적게 거친 것들이래요.
키노아나 고구마도
알러지율 및 GI/GL이
비교적 낮은 식품이라
잘 활용하면 기호도도
함께 높일 수 있다고 해요!

분비되어야 하는데, 육식 동물인 개와 고양이는 탄수화물을 분해하는 효소들의 반응이 느리고 분비량이 충분하지 못해요. 그래서 혈당 조절에 어려움을 겪게 되면, 당뇨와 같은 질병의 원인이 되기도 하고요.

그런데 GI가 높은 식품이라도 당의 함유량이 적어 실제 섭취했을 때 당이 오르지 않는 경우도 있어요. 예를 들어 당근은 GI가 높지만 100g당 탄수화물의 함유량이 7% 전후이기 때문에, 당근 100g을 섭취한다고 해도 당이 빠르게 증가하지는 않아요. 그래서 GI를 보완해서 만든 개념이 실제로 섭취했을 때 당부하를 측정한 GL이에요.

따라서 탄수화물을 급여할 때에는 GI 및 GL이 함께 낮은 식품을 선택하는 것이 당의 함유량을 낮추고 당이 오르는 속도를 늦춰, 소화 및 활용에 도움을 줄 수 있어요. GI 및 GL이 낮은 탄수화물원에는 대표적으로 현미, 통밀, 키노아처럼 도정 과정을 적게 거친 곡물들이 있어요.

글루텐 프리(Gluten Free) / 렉틴 프리(Lectin Free)　　글루텐은 밀이나 보리 등의 곡류에 존재하는 불용성 단백질이고, 렉틴은 특정 당 분자를 인식하고 특이적으로 결합하는 당단백질이에요. 두 물질 모두 염증을 형성하고 면역계의 균형을 깨는 것으로 알려져 있어요. 따라서 탄수화물원을 선택할 때에는 글루텐과 렉틴이 함유되지 않은 식품을 선택하는 것이 좋아요.

글루텐이나 렉틴을 함유하지 않은 탄수화물원으로는 대표적으로 고구마, 연근, 비트, 타피오카 등이 있어요.

식이섬유가 풍부한 식품　　식이섬유와 같은 다당체들은 소화효소에 대한 저항성을 가지고 있기 때문에, 위나 소장에서 소화되지 않고 대장까지 이동해요. 또, 수분 구속력이 크기 때문에 섭취한 무게보다 3~4배에서 수십 배까지도 몸을 불려요. 그래서 식이섬유가 많이 함유된 식이의 경우 수분이 충분하게 섞이면서 부피가 늘어나기 때문에, 위나 소장에서 머무는 시간이 증가하며 서서히 소화되는 특징이 있어요. 이 특징은 혈당이 오르는 속도를 완만히 조절해 주는 데 도움을 주고요. 식이섬유가 풍부한 탄수화물원으로는 대표적으로 도정 과정을 적게 거친 곡물과 우엉, 연근과 같은 뿌리채소, 양배추, 아스파라거스와 같은 양질의 섬유질을 함유한 식품들이 있어요.

비타민, 미네랄, 항산화제가 풍부한 식품   탄수화물을 급여하기로 결정했다면 탄수화물 외에도 비타민이나 미네랄, 항산화제가 풍부한 식품을 선택하는 것이 좋아요. 미네랄, 비타민 항산화제가 풍부한 탄수화물원에는 과일이나 채소들이 있어요.

🌸 비타민

비타민은 물리적 및 생리적 특성으로 정의할 수 있어요. 비타민으로 분류되는 물질은 5가지 기본 특성을 가져야 해요.

❶ 지방, 탄수화물 및 단백질과 다른 유기 화합물이어야 한다.
❷ 식이 성분이어야 한다.
❸ 정상적인 생리 기능을 위해 미세한 양이 필수적이어야 한다.
❹ 결핍 시, 결핍 증후군을 유발해야 한다.
❺ 정상적인 생리 기능을 지원하기 위한 충분한 양이 합성되지 않아야 한다.

이런 특성을 기반으로 NRC에서는 지용성 비타민 4종(개는 K를 제외한 3종), 수용성 비타민 9종(비타민C 제외, 콜린 포함, 개는 비오틴 제외 8종)을 개와 고양이의 필수 영양소로 규정했어요. 수용성 비타민으로 분류된 콜린은 사실 그 특성상 비타민이라고 볼 수 없지만, 흡수 과정을 기반으로 수용성 비타민에 포함되었어요. 지용성 비타민은 흡수에 필요한 미쎌을 형성하기 위해 담즙염과 지방을 필요로 하고, 대부분의 수용성 비타민은 활성 수송을 통해 신체에 흡수돼요. 비타민 부족은 단일 비타민의 부족보다는 다중 비타민의 부족으로 나타나는 경우가 많아요. 이는 비타민들이 서로 길항작용이 있어 흡수, 저장, 이화 작용 및 배설에 영향을 주기 때문이에요. 따라서 모든 비타민이 부족하지 않도록 신경 쓰는 것이 좋아요.

지용성 비타민

비타민A   비타민A의 흡수는 전체적으로 50% 정도로 추정하고, 저장은 주로 간에, 배설은 소변을 통해 진행돼요. 다만 고양이는 개에 비해 배설능력이 낮아요. 또한 식이 속 비타민A의 함량이 높아질수록 흡수되는 양은 적어지고요.

생식에 간을 충분히 사용하면 요구량을 충족할 수 있어요. 난황과 같은 재료에도 함유되어 있어, 생식에 간과 난황을 사용하는 경우 부족보다는 오히려 과용되지 않도록 양을 확인하는 편이 좋아요.

고양이는 베타-카로틴을 레티놀로 분열시키는 옥시게나제 효소가 없기 때문에 미리 형성된 비타민A가 필요해요. 따라서 베타카로틴이 풍부하다 알려진 당근과 같은 식재료를 통해 비타민A를 공급할 수 없어요.(그래서 고양이는 당근을 볶아 먹일 필요도 없고요.) 재료로서 보충이 되지 않을 때 사용해 볼 수 있는 보조제로는 대구 간유 혹은 일부 맥주 효모에 비타민A가 들어 있으니 그런 제품을 선택하면 돼요.

단위 : RE

자견						성견					
1,000kcal ME			BW$^{0.75}$			1,000kcal ME			BW$^{0.75}$		
AI	RA	SUL	AI	RA	SUL	AI	RA	SUL	AI	RA	SUL
303	379	3,750	84.0	105	1,044	303	379	16,000	40	50	2,099
자묘						성묘					
1,000kcal ME			BW$^{0.67}$			1,000kcal ME			BW$^{0.67}$		
AI	RA	SUL	AI	RA	SUL	AI	RA	SUL	AI	RA	SUL
200	250	20,000	42	52	4,180	200	250	25,000	19.8	24.7	2,469

비타민D 비타민D의 두 가지 중요한 형태는 동물에서 발생하는 콜레칼시페롤(비타민D3)과 주로 식물에서 발생하는 에르고칼시페롤(비타민D2)이에요.

그러나 비타민D는 함유하고 있는 식품이 제한적이기 때문에 식재료를 통해 쉽게 충족시키기 어려울 수 있어요. 그래서 HPDs에서는 부족하지 않도록 신경을 써야 하는 영양소예요. 밑동 없이 자라는 목이버섯이나 태양광에 말린 표고버섯, 난황, 참치나 연어, 황새치와 같은 대형 어류에 함유되어 있어요.

버섯은 기호도 측면에서 사용에 어려움이 있고, 난황은 비타민D 외에 인의 함량이 높으며, 대형 어류의 경우 중금속의 축적 면에서 비타민D 충족을 위해 다량 사용하기는 어려워요. 따라서 식품만으로 충족되지 않을 경우, 함유량이 낮은

(100IU 정도) 보조제를 사용하여 권장량을 맞춰주는 것이 좋아요.

단위 : μg

자견						성견					
1,000kcal ME			BW$^{0.75}$			1,000kcal ME			BW$^{0.75}$		
AI	RA	SUL	AI	RA	SUL	AI	RA	SUL	AI	RA	SUL
2.75	3.40	20	0.76	0.96	5.60	2.75	3.40	20	0.36	0.45	2.60

자묘						성묘					
1,000kcal ME			BW$^{0.67}$			1,000kcal ME			BW$^{0.67}$		
AI	RA	SUL	AI	RA	SUL	AI	RA	SUL	AI	RA	SUL
0.70	1.40	188	0.14	0.29	39	1.40	1.75	188	0.14	0.17	19

비타민E   비타민E는 비타민A보다 흡수율이 낮고(35%~50%), 상호관계가 있는 다른 영양소의 양에 따라 흡수율이 가변적이에요. 또, 비타민A, 불포화 지방산의 양이 증가할수록 더 많은 양이 필요하게 되기 때문에 권장량은 적더라도 충분한 양이 공급될 수 있도록 해주는 것이 좋아요.

연구자들은 다중 불포화 지방산 1g당 최대 60mg의 알파-토코페롤의 급여를 추천하고 있지만, 정량에 대한 합의는 이루어지지 않았어요. 또한 AAFCO는 허용량을 초과하는 추가 피쉬오일 1g(식이 DM 1kg 기준)당 10IU의 비타민E의 추가 사용을 권장하고 있고요.

비타민E의 가장 좋은 소스는 냉압착된 식물성 기름이에요. 그래서 식품을 이용하여 보충하고자 할 때는 생들기름을 사용하는 경우가 많아요. 그러나 식물성 기름을 냉압착을 하는 과정에서 55℃ 이상의 열을 가하면 지방산 및 지용성 비타민의 구조가 변성되는데, 대규모로 제작하여 판매하는 유통 구조상 열을 가해 제작할 수밖에 없다는 농진청의 발표가 있었어요.

따라서 열을 가하지 않고 제작한 냉압착 오일을 찾아서 사용해야 하는 불편함이 있을 수 있어요. 동물의 근육 조직에는 비타민E가 낮고 지방 조직에서 높기 때문에 육류의 지방 부위를 사용하는 것으로도 어느 정도 충족이 가능해요. 가장 간단한 보충법은 알파 토코페롤 보충제를 사용하는 거예요. 비타민E의 상대적인 생체 이용률은 알파 〉 베타 〉 델타 〉 감마 순이기 때문에 알파 토코페롤이 함유된 제품으로 선택하는 것이 좋아요.

단위 : mg

자견						성견					
1,000kcal ME			BW$^{0.75}$			1,000kcal ME			BW$^{0.75}$		
AI	RA	SUL	AI	RA	SUL	AI	RA	SUL	AI	RA	SUL
6.0	7.50		1.70	2.10		6.0	7.50		0.8	1.0	
자묘						성묘					
1,000kcal ME			BW$^{0.67}$			1,000kcal ME			BW$^{0.67}$		
AI	RA	SUL	AI	RA	SUL	AI	RA	SUL	AI	RA	SUL
7.50	9.40		1.60	2.0		7.50	10.0		0.74	0.94	

비타민K   자연적인 비타민K는 K1과 K2예요. K1은 녹색 채소에 다량 분포하고, K2의 경우 정상적인 장내 미생물에서 발견되는 방선균에서 생산돼요.

비타민K 중 일부가 장내 박테리아를 통해 합성되어 결장에서 수동 확산을 통해 대부분 쉽게 흡수되기 때문에, 개와 고양이에게 부족 증상이 나타나는 일은 드물어요. 그러나 어류 기반의 생식에서는 비타민E와의 경쟁적 작용으로 부족을 조심해야 해요. 또한 지질이 제대로 보충되지 않을 때는 흡수에 커다란 영향을 받기도 하고요.

보통은 육류의 살코기 및 내장을 충분히 사용하면 요구량을 만족시킬 수 있어요. 그 외 케일과 같은 녹색 채소 및 치즈, 난황 등에 다량 함유되어 있으므로 어류 기반의 생식을 만들 때에는 이런 부재료들을 사용하여 충분한 양이 확보되도록 해주는 것이 좋아요.

자견						성견					
1,000kcal ME			BW$^{0.75}$			1,000kcal ME			BW$^{0.75}$		
AI	RA	SUL	AI	RA	SUL	AI	RA	SUL	AI	RA	SUL
0.33	0.41		0.09	0.11		0.33	0.41		0.043	0.054	
자묘						성묘					
1,000kcal ME			BW$^{0.67}$			1,000kcal ME			BW$^{0.67}$		
AI	RA	SUL	AI	RA	SUL	AI	RA	SUL	AI	RA	SUL
0.25	0.25		0.05	0.05		0.25	0.25		0.025	0.025	

수용성 비타민

비타민B　수용성 비타민인 비타민B의 경우, 사실 닭 한 마리를 뼈 및 내장까지 골고루 사용한다고 가정했을 때 권장량의 대부분이 충족돼요. 이는 원래 개나 고양이의 영양소 필요량을 산출할 때 과거 섭취했던 가금류의 영양 구성을 참조했던 것에서 기인한다고 볼 수 있어요.

여기에서 '통으로 전체 섭취(Whole Prey)'하는 방식의 중요성이 부각되기도 하고요. 소고기나 양과 같은 육류를 사용하는 경우에도 뼈 및 내장류와 함께 사용한다면 비타민B1(티아민) 정도를 제외하고 거의 권장량을 만족시킬 수 있어요.

그러나 수용성 비타민들은 열이나 산에 의해 쉽게 파괴되고, 체내에서 저장되지 않고 소변을 통해 빠르게 배출되기 때문에 충분한 양을 급여할 필요가 있어요. 이것을 위해 보통 비타민B 콤플렉스 보조제나 영양/맥주 효모 등을 사용해요.

아래에 각 비타민B군이 다량 함유된 식품 및 보충제에 대해 기술하겠지만, 보조제는 일괄적으로 비타민B 콤플렉스 보충제 및 영양/맥주 효모 등으로 같아요. 따라서 굳이 각 비타민B를 모두 나눠 살펴보지 않아도 되지만, 권장량의 확인을 위해 분류할게요.

생식에 비타민B의 보충을 위해 보충제를 사용할 때에는 비타민B 콤플렉스 또는 효모, 둘 중 한 가지만 선택하여 사용하면 돼요. 두 가지를 동시에 사용하면 과용이 심각해지는 경우가 생겨요.

앞서 필수 영양소 챕터에서 이야기했던 대로 수용성 비타민이라도 심각한 과급여를 하는 경우, 이를 간과 신장이 분해, 여과 및 배출하며 부담이 될 수 있기 때문에 심한 과용은 피하는 것이 좋아요.

비타민B1(티아민) 비타민B1이 함유된 식품은 다양하지만, 함량이 적기 때문에, 식품을 통해 필요량을 맞추려면 꽤 많은 양을 급여해야 해요. 그나마 종실 즉 씨앗류 및 간(특히 돼지 간)에 높은 수준으로 함유되어 있지만, 씨앗류를 과량 급여하기에는 소화 부담이 생기고 기호도에도 영향을 줄 수 있어요.

따라서 살코기와 내장류를 충분히 사용하고도 티아민이 부족한 상황이라면 비타민 B 콤플렉스 보조제나 맥주/영양 효모 등으로 급여해 주는 것이 좋아요.

단위 : mg

자견						성견					
1,000kcal ME			BW$^{0.75}$			1,000kcal ME			BW$^{0.75}$		
AI	RA	SUL	AI	RA	SUL	AI	RA	SUL	AI	RA	SUL
0.27	0.34		0.075	0.096		0.45	0.56		0.059	0.074	
자묘						성묘					
1,000kcal ME			BW$^{0.67}$			1,000kcal ME			BW$^{0.67}$		
AI	RA	SUL	AI	RA	SUL	AI	RA	SUL	AI	RA	SUL
1.10	1.40		0.23	0.29		1.10	1.40		0.11	0.14	

비타민B2(리보플라빈) 리보플라빈은 수용성 비타민이지만 물에 대한 용해도가 제한적이에요. 이 속성은 정맥 용액을 통해 다량의 비타민을 전달하기 어렵기 때문에 임상적으로 중요하게 여겨져요.

또한 리보플라빈은 열에는 강하지만 빛과 산성 및 알칼리성 조건에 민감하다는 특징이 있어요. 비타민B2는 곡물을 제외한 비교적 다양한 식품에 널리 분포되어 있어요.

보통은 단백질에 결합된 형태이기 때문에 동물의 간이나 심장과 같은 장기류 및 근육 고기를 비롯하여 버섯 등의 식물에 많이 함유되어 있고요. 그러나 비타민B2를 보충하기 위해 장기류를 많이 사용하기에는 비타민A 과용에 대한 우려가 있기에, 보충해야 하는 경우에는 비타민B 콤플렉스 및 맥주/영양 효모를 사용하는 것이 좋아요.

단위 : mg

자견						성견					
1,000kcal ME			BW$^{0.75}$			1,000kcal ME			BW$^{0.75}$		
AI	RA	SUL	AI	RA	SUL	AI	RA	SUL	AI	RA	SUL
1.05	1.32		0.27	0.37		1.05	1.30		0.138	0.171	
자묘						성묘					
1,000kcal ME			BW$^{0.67}$			1,000kcal ME			BW$^{0.67}$		
AI	RA	SUL	AI	RA	SUL	AI	RA	SUL	AI	RA	SUL
0.80	1.0		0.17	0.21		0.80	1.0		0.079	0.099	

비타민B3(나이아신) 나이아신은 두 가지 형태로 공급할 수 있어요. 나이아신 그대로 공급하는 방법과 트립토판의 합성을 통해 공급하는 방법이에요. 그러다 보니 대부분의 포유류의 식이에서 동물성 단백질이 충분히 공급되는 상황(트립토판을 통해 합성하는 경우)이라면 부족을 염려할 필요는 없어요.

그러나 고양이의 경우 트립토판을 NAD 대신에 아세틸-CoA 및 CO_2로 유도하는 피콜린성 카르복실라제(picolinic carboxylase)의 효소 활성이 매우 높기 때문에, 나이아신의 합성에 트립토판을 효율적으로 사용할 수 없어요.

따라서 고양이는 미리 형성된 나이아신에 대한 엄격한 권장량을 가져요. 반대로 개는 나이아신에 대한 내성이 없기 때문에, 다량 급여했을 때 혈변이나 내장 기관의 출혈 및 사망에 대한 레포트가 있으므로 급여량에 주의를 기울여야 해요. 나이아신은 비교적 다양한 식품에서 발견되는 매우 안정적인 비타민이에요. 곡물, 콩, 종실류, 근육 고기 및 어류 등에 다량 함유되어 있어요.

단위 : mg

자견						성견					
1,000kcal ME			$BW^{0.75}$			1,000kcal ME			$BW^{0.75}$		
AI	RA	SUL	AI	RA	SUL	AI	RA	SUL	AI	RA	SUL
3.4	4.25		0.94	1.18		3.40	4.25		0.45	0.57	
자묘						성묘					
1,000kcal ME			$BW^{0.67}$			1,000kcal ME			$BW^{0.67}$		
AI	RA	SUL	AI	RA	SUL	AI	RA	SUL	AI	RA	SUL
8.0	10.0		1.70	2.10		8.0	10.0		0.79	0.99	

비타민B6(피리독신)　식물 조직은 대부분 피리독신을 함유하는 반면, 동물 조직은 대부분 피리독살 및 피리독사민을 함유해요. 피리독신이 비타민B6의 가장 안정적인 형태이기 때문에 파괴될 때에는 동물성 조직에서의 파괴율이 훨씬 높다는 특성이 있어요.

피리독신은 바나나나 종실류에 함유되어 있기는 하지만 함유량은 미비해요. 그러나 식물성 조직의 피리독신보다 불안정한 형태이기는 하지만 살코기에 다량 포함되어 있기 때문에, 육류를 적절히 사용하면 권장량을 충족시킬 수 있어요. 개와 고양이 모두 요구량이 워낙 적기 때문에 육류만으로도 요구량의 400% 이상을 충족할 수 있어요. 대사적으로 과잉된 피리독신은 소변을 통해 배출돼요. 하지만 고양이는 다른 종과는 달리, 과량 급여된 피리독신 하이클로라이드가 소변을 통해 거의 배설되지 않았다는 보고가 있기 때문에, 너무 과량 보충되지 않도록 신경 써 줄 필요가 있어요.

단위 : mg

자견						성견					
1,000kcal ME			BW$^{0.75}$			1,000kcal ME			BW$^{0.75}$		
AI	RA	SUL	AI	RA	SUL	AI	RA	SUL	AI	RA	SUL
0.3	0.375		0.084	0.10		0.30	0.375		0.04	0.049	
자묘						성묘					
1,000kcal ME			BW$^{0.67}$			1,000kcal ME			BW$^{0.67}$		
AI	RA	SUL	AI	RA	SUL	AI	RA	SUL	AI	RA	SUL
0.50	0.625		0.10	0.13		0.50	0.625		0.05	0.06	

비타민B5(판토텐산)　　판토텐산은 주로 단백질에 결합된 형태로 존재하기 때문에 가금류, 소의 살코기 및 내장류에 풍부하게 함유되어 있어요. 따라서 육류를 적절히 사용하면 권장량을 충족할 수 있어요.

사실 판토텐산의 경우 대부분의 육류에 풍부하기 때문에, 권장 칼로리에 맞춰 알맞은 양의 식이가 급여될 경우 식재료만으로도 권장량의 200~300%를 충분히 충족시킬 수 있어요. 개의 요구량이 고양이에 비해 2배가 넘지만, 개가 선호하는 육류라 할 수 있는 소고기에 다량 함유되어 있으므로, 육류를 로테이션하는 것으로 충분히 급여될 수 있도록 신경 써 주는 것이 좋아요.

판토텐산은 굉장히 안정적인 비타민인 데다 개와 고양이 모두에게 과량에 따른 독성 보고가 없기 때문에 과량 급여에 대한 염려는 하지 않아도 괜찮아요.

단위 : mg

자견						성견					
1,000kcal ME			BW$^{0.75}$			1,000kcal ME			BW$^{0.75}$		
AI	RA	SUL	AI	RA	SUL	AI	RA	SUL	AI	RA	SUL
3.0	3.75		0.84	1.04		3.0	3.75		0.39	0.49	
자묘						성묘					
1,000kcal ME			BW$^{0.67}$			1,000kcal ME			BW$^{0.67}$		
AI	RA	SUL	AI	RA	SUL	AI	RA	SUL	AI	RA	SUL
1.15	1.43		0.24	0.3		1.15	1.44		0.11	0.14	

비타민B12(코발라민)　코발라민은 비타민B 중 가장 크고 가장 복잡한 비타민이며, 금속 이온인 코발트를 함유하고 있어요. 그리고 수용성 비타민인 비타민B 계열에서 유일하게 배설되지 않고 체내에 잔존하기도 하고요. 그러나 비타민B12는 미생물에 의해서만 만들어지고 동물 조직에서 발견되기 때문에, 채식의 장기 공급은 비타민B12 결핍으로 이어질 수 있어요.

가금류보다는 소나 양, 토끼와 같은 육류에 다량 함유되어 있고, 식물성 원료에는 거의 함유되어 있지 않아요. 이는 앞서 이야기한 것과 같이 코발라민이 유일하게 미생물의 발효를 통해 얻어지는 비타민이기 때문이에요. 육류에서는 메틸코발라민 혹은 사이노코발라민의 형태로 존재해요.

따라서 가금류만 사용하여 생식을 만들 때는 비타민 보충제 및 영양 효모를 통해 급여량을 충족시켜줄 필요가 있어요. 그러나 간에 다량 함유되어 있기 때문에 가금류 생식의 경우에도 간을 충분히 사용해 주면 권장량을 만족시킬 수 있어요.

단위 : μg

자견						성견					
1,000kcal ME			BW$^{0.75}$			1,000kcal ME			BW$^{0.75}$		
AI	RA	SUL	AI	RA	SUL	AI	RA	SUL	AI	RA	SUL
7.0	8.75		1.95	2.40		7.0	8.75		0.92	1.15	
자묘						성묘					
1,000kcal ME			BW$^{0.67}$			1,000kcal ME			BW$^{0.67}$		
AI	RA	SUL	AI	RA	SUL	AI	RA	SUL	AI	RA	SUL
4.5	5.6		0.9	1.18		4.5	5.6		0.44	0.56	

엽산(폴산)　코발라민과 더불어 조혈 작용에 중요한 영양소예요. 부족하게 급여되면 6주 이내에 몸무게가 감소하는 등의 빠른 반응이 나타나는 영양소 중 하나예요. 동물의 간에 풍부하게 함유되어 있으므로 간을 충분히 사용하면 권장량을 충족할 수 있어요. 고양이에 비해 개의 필요량이 3배에 가까우므로 충분히 급여되는지 확인할 필요도 있고요.

엽산은 매우 불안정하고 가열, 동결, 다량의 수분과 같은 환경에서 쉽게 파괴되는 영양소예요. 개와 고양이에 있어 독성 보고가 없었던 만큼 생식의 동결 과정에

서 파괴되는 부분까지 생각하여 충분한 양이 충족될 수 있도록 신경 써 주는 것이
좋아요.

단위 : μg

자견						성견					
1,000kcal ME			BW$^{0.75}$			1,000kcal ME			BW$^{0.75}$		
AI	RA	SUL	AI	RA	SUL	AI	RA	SUL	AI	RA	SUL
54.0	67.5		15.0	18.8		54.0	67.5		7.10	8.90	
자묘						성묘					
1,000kcal ME			BW$^{0.67}$			1,000kcal ME			BW$^{0.67}$		
AI	RA	SUL	AI	RA	SUL	AI	RA	SUL	AI	RA	SUL
150	188		31.0	39.0		150	188		15.0	19.0	

비오틴　　　NRC는 고양이에 대한 비오틴의 권장량은 설정했지만, 개에 관해서
는 설정하지 않았어요. 그러나 난류 전체를 사용하는 레시피나 항생제를 사용하
고 있는 기간에는 비오틴의 급여량에 주의하라고 권고해요.

　비오틴은 장내 미생물 합성으로 요구량의 50%가 충족될 수 있는데, 만약 항생
제를 복용하게 되면 장내 미생물 균총의 변화로 합성에 영향을 받기 때문이에요.
또 비오틴은 난황에 다량 함유되어 있는데 난황과 난백을 동시에 사용할 경우,
난백의 아비딘이 난황의 비오틴과 강력하게 결합해요. 그로 인해 단백질 분해 및
열처리에 내성을 형성하여 비오틴이 흡수되지 않도록 만들어요.

　따라서 이런 상황일 경우에는 요구량이 정해지지 않은 개라고 하더라도 충분
한 양이 함유될 수 있도록 신경을 써 주는 것이 좋아요. 비오틴은 다양한 식품에
함유되어 있지만, 그 함유량이 미비하고 범위가 매우 넓어요. 그리고 식품에 함
유된 비오틴의 50% 정도만이 생물학적으로 이용 가능하다는 특징이 있어요. 비
오틴 또한 개와 고양이의 독성에 대한 보고는 없어요. 주로 함유된 식품으로는
난황, 간 및 효모 등이 있어요.

단위 : μg

자묘						성묘					
1,000kcal ME			BW$^{0.67}$			1,000kcal ME			BW$^{0.67}$		
AI	RA	SUL	AI	RA	SUL	AI	RA	SUL	AI	RA	SUL
15.0	18.75		3.10	3.90		15.0	18.75		1.50	1.90	

콜린　사실 콜린은 앞서 언급했듯이 엄격한 기준으로 봤을 때 비타민으로 볼수는 없어요. 대부분의 동물이 간에서 콜린을 합성할 수 있는 데다, 다른 비타민B군의 영양소들에 비해 그 요구량이 매우 크기 때문이에요.

콜린은 식품 영양 성분 데이터에서 누락되는 경우가 많은 영양소예요. 따라서 부족하다고 해도 정말 식품 내 함유량이 적어서 부족한 것인지, 데이터가 부족한 것인지 확인할 필요가 있어요.

그러나 콜린의 경우 나이아신과 마찬가지로 아미노산의 한 종류인 메티오닌을 통해 합성 가능한 영양소이기 때문에 코발라민이나 엽산이 부족한 식이(이 두 영양소가 부족한 경우 메틸 합성이라는 것이 필요한데, 이 과정에 콜린이 필요함)가 아닌 이상 부족을 크게 걱정하지 않아도 돼요.

콜린은 고단백 또는 고지방 식이일 때 요구량이 증가하기도 해요.

콜린은 모든 자연 지방에 존재하며, 식품에서는 보통 포스파티딜콜린의 형태로 존재해요. 따라서 지방 성분이 있는 식재료에는 모두 함유되어 있다고 봐도 돼요. 동물성 공급원으로는 난황 및 어류 등이 있고, 식물성 공급원으로는 콩 및 종실류에 다량 함유되어 있어요.

NRC에서는 개와 고양이 모두에게 콜린의 상한선을 정하지 않았지만, 개의 경우 레시틴(포스파티딜콜린)에 대한 내성이 낮다는 보고가 있어요. 그리고 콜린은 흡습성이 높기 때문에 믹스 형태의 보조제로 함께 첨가하면, 다른 비타민들의 안정성에 영향을 주기도 해요. 따라서 콜린의 보충은 신중해야 하며, 다른 보조제들과 분리 사용이 필요해요.

단위 : mg

자견						성견					
1,000kcal ME			$BW^{0.75}$			1,000kcal ME			$BW^{0.75}$		
AI	RA	SUL	AI	RA	SUL	AI	RA	SUL	AI	RA	SUL
340	425		95.0	118		340	425		45.0	56.0	
자묘						성묘					
1,000kcal ME			$BW^{0.67}$			1,000kcal ME			$BW^{0.67}$		
AI	RA	SUL	AI	RA	SUL	AI	RA	SUL	AI	RA	SUL
510	637		107	133		510	637		50.0	63.0	

🐾 미네랄

미네랄 또한 비타민과 마찬가지로 서로 여러 가지 상호작용을 가져요. 거기에는 길항작용과 상승작용이 포함되고요. 미네랄간 상호작용의 대부분은 길항적이고 이러한 상호작용은,

❶ 섭취 전 처리 과정에서
❷ 소화관에서의 상호작용을 포함하는 여러 가지 메커니즘을 통해
❸ 조직, 저장 장소 또는 효소 활성의 억제로 인해
❹ 영양소의 이동 시
❺ 배설 경로

에서 발생할 수 있어요.

❶번은 미네랄 보조제를 압축 가공하면서 전위, pH, 용해도 등에 영향을 주는 것이고 ❷번은 흡수 채널이 같은 두 가지 이상의 영양소들이 서로 경쟁적으로 흡수되는 상태를 의미해요. 그 예로서 칼슘과 흡수 채널이 같은 다양한 미네랄의 흡수 저하가 있겠죠. ❸번의 경우 철과 구리와의 관계를 예시로 들 수 있어요. 높은 수준의 철은 간에서 구리 저장량을 감소시키거든요. 한 연구에서 철 : 구리의 비율이 20 : 1을 초과하면 간의 구리 수준이 대조값에 비해 50% 미만으로 감소했다는 결과가 나왔어요. ❹번의 경우 트랜스페린이라는 철의 혈청 수송 단백질을 예시로 들 수 있는데, 이 트랜스페린이 철뿐 아니라 크롬과 망간 또한 수송할 수 있기 때문에 이들 미네랄이 서로 경쟁적 관계가 돼요. 마지막으로 ❺번의 경우 PTH(부갑상선 호르몬)에 따른 칼슘 및 인의 배설을 예시로 들 수 있어요.

그러나 이렇게 각 미네랄 간의 상호작용이 있다고 해서 우리가 이 모든 관계를 파악해서 급여할 필요는 전혀 없어요. 식이의 영양소를 권장량이나 정해진 허용 범위 내에서 급여될 수 있도록 구성한다면 이 모든 상호작용에도 불구하고 필요

한 양은 흡수될 수 있어요.

　사실 개와 고양이에게 있어, 미네랄의 생체 이용률에 대해서는 연구된 바가 거의 없어요. 따라서 알려진 것 또한 없다고 보는 게 맞아요. 그러나 일반적으로 동물성 식품에서 기인한 미네랄이 식물성에 비해 특정 미네랄의 함량이 높고, 생체 이용률 또한 높다고 봐요.

　유기 미네랄과 무기 미네랄의 생체 이용률에 대한 논의는 다양하지만, 일단 고기에는 다양한 미네랄들이 함유되어 있고, 또한 이 미네랄의 흡수를 증가시켜 줄 수 있는 요소가 있다고 생각해요. 그걸 흔히 '고기 효과(meat factor)'라고 부르고요. 그리고 이건 식물에 함유되어 있는 피테이트 및 일부 식이 섬유가 미네랄의 흡수를 방해하는 것과는 반대의 효과라고 볼 수 있겠죠.

　미세 미네랄의 경우 황산염 및 염화물 〉탄산염 〉산화물의 형태 순으로 생체 이용률의 순서를 정할 수 있어요. 그러나 산화철과 산화구리는 개와 고양이의 생체 이용률이 0이에요. 따라서 구리를 산화구리의 형태로 저장하는 돼지 간의 경우 구리 보충제로써 사용할 수 없고, 산화구리 및 산화철 보충제 또한 반려동물용 식이 보충제로 사용할 수 없어요.

　미네랄은 간과 같은 내장류 및 뼈에 다량 함유되어 있어요. 뼈와 내장을 충분히 사용한다면 망간, 아이오딘, 아연과 같은 일부 미세 미네랄을 제외한 대부분의 미네랄들의 권장량을 맞출 수 있어요. 다만 가금류의 오리 간 및 대동물(양, 소 등)의 간은 다른 동물의 간보다 구리 함량이 높아 사용에 어려움이 있으니, 구리 함량에 맞추어 소량 사용하거나 다른 동물의 간으로 대체하는 것이 좋아요.

　또 이후 챕터에서 자세히 이야기하겠지만, MER에 맞춰 급여할 수 없는 경우, 미세 미네랄의 섭취량에 문제가 생길 가능성이 있으므로 몸무게에 따른 기초 대사량을 기준으로 한 권장량을 사용해야 해요. 특별히 보충히 필요한 미네랄의 경우 흡수율이 높은 킬레이트 형태의 미네랄 보조제를 사용하는 것을 권장해요.

칼슘　뼈와 난각 파우더 및 해조류에 다량 함유되어 있어요. 생식의 뼈 비중이 20%를 넘어가게 되면 충분한 양이 확보되므로 별도의 칼슘 보충제가 필요하지 않아요. 그러나 뼈로 인해 인과 같은 다른 미네랄이 보충되는 것이 염려되는 경우, 일부는 뼈로, 일부는 보충제로 대체할 수 있어요.

칼슘은 흡수율에 영향을 미치는 요소들이 많고 대부분의 미네랄과 길항 관계를 가지고 있기 때문에, 보조제를 사용할 경우 흡수율이나 소화율이 탄산칼슘에 비해 높은 칼슘 시트레이트를 사용하는 것을 권장해요. 칼슘 공급원 중에 가성비가 가장 높은 것은 난각 파우더로 달걀 껍데기를 사용해서 만들 수 있어요. 난각에는 1/2tsp당 1,000mg 정도의 탄산칼슘이 함유되어 있고요.

난각을 제외한 보조제로는 해조류로 만든 해조 칼슘 정도를 권장할 수 있어요. 이전에는 본 밀도 사용했지만, 뼈를 기반으로 만든 것이라 칼슘 외에 인도 다량 보충되고, 소뼈를 원료로 사용하기 때문에 중금속 축적에 대한 문제도 있어 점차 사용이 감소되고 있는 추세예요.

단위 : g

자견						성견					
1,000kcal ME			BW$^{0.75}$			1,000kcal ME			BW$^{0.75}$		
AI	RA	SUL	AI	RA	SUL	AI	RA	SUL	AI	RA	SUL
2.0	3.0	4.5	0.56	0.68	1.25	0.5	1.0		0.059	0.13	
자묘						성묘					
1,000kcal ME			BW$^{0.67}$			1,000kcal ME			BW$^{0.67}$		
AI	RA	SUL	AI	RA	SUL	AI	RA	SUL	AI	RA	SUL
1.3	2.0		0.274	0.41		0.4	0.72		0.04	0.071	

인　인은 뼈, 내장류, 살코기 및 난황에 많이 함유되어 있어요. 생식은 기본적으로 Whole Prey 개념으로 신선한 살코기와 내장, 뼈를 함께 사용하기 때문에 인의 권장량은 무리 없이 충족돼요.

다만 인이 이미 손상된 신장의 석회화에 관여하기 때문에 신장을 생각하여 함유량을 줄이려고 한다면, 살코기나 내장류보다는 뼈의 사용량을 줄이고 칼슘 보충제를 사용하는 것이 좋아요.

단위 : g

자견						성견					
1,000kcal ME			BW$^{0.75}$			1,000kcal ME			BW$^{0.75}$		
AI	RA	SUL	AI	RA	SUL	AI	RA	SUL	AI	RA	SUL
2.5	2.5		0.68	0.68		0.75	0.75		0.1	0.1	

자묘						성묘					
1,000kcal ME			BW$^{0.67}$			1,000kcal ME			BW$^{0.67}$		
AI	RA	SUL	AI	RA	SUL	AI	RA	SUL	AI	RA	SUL
1.2	1.8		0.251	0.372		0.35	0.64		0.035	0.063	

마그네슘 마그네슘은 칼슘과 인 다음으로 뼈에 가장 많은 미네랄이에요. 따라서 뼈에 다량 함유되어 있어요.

마그네슘이 과다되면 스트루바이트 결석이 형성되고, 반대로 부족하게 되면 칼슘 옥살레이트 결석이 형성되는 것으로 알려져 있기 때문에 과다하지도 부족하지도 않도록 양을 유지하는 것이 좋아요.

역학 자료에 따르면 칼슘 : 마그네슘의 비율이 낮을수록 쥐에서 칼슘 옥살레이트 결석의 형성 위험이 증가했다는 결과가 있어요. 마그네슘이 다량 함유된 식품에는 뼈나 정제되지 않은 곡물, 섬유소 공급원 등이 있지만, 아이오딘의 보충을 위해 사용하는 아이오딘 처리된 테이블 샐트에도 칼륨과 마그네슘이 다량 함유되어 있어요.

따라서 뼈를 일정 부분 사용하거나 마그네슘이 첨가된 테이블 샐트를 이용하는 레시피의 경우, 추가적인 보충제의 사용을 고려하지 않아도 돼요.

단위 : mg

자견						성견					
1,000kcal ME			BW$^{0.75}$			1,000kcal ME			BW$^{0.75}$		
AI	RA	SUL	AI	RA	SUL	AI	RA	SUL	AI	RA	SUL
45	100		12.5	27.4		45	150		5.91	19.7	

자묘						성묘					
1,000kcal ME			BW$^{0.67}$			1,000kcal ME			BW$^{0.67}$		
AI	RA	SUL	AI	RA	SUL	AI	RA	SUL	AI	RA	SUL
40	100		8.3	20		50	100		4.9	9.5	

칼륨　칼륨은 신체에서 가장 풍부한 세포 내 양이온이며 세 번째로 풍부한 미네랄이에요. 따라서 칼륨 또한 생식에서 사용하는 대부분의 재료에 다량 함유되어 있으므로 보충제의 사용을 고려하지 않아도 돼요. 아이오딘 처리된 테이블 샐트는 염화나트륨에 아이오딘, 마그네슘 및 칼륨 처리를 하는 경우가 많기 때문에 이런 제품을 사용함으로써 보충할 수 있기도 해요.

식품 속에 함유된 칼륨은 95% 이상 활용 가능해요. 그러나 칼륨은 미네랄임에도 저장이 잘되지 않기 때문에 매일 필요한 양이 적절하게 공급될 수 있도록 신경을 써 주는 것이 좋아요. 칼륨이 많이 함유되어 있는 식품으로는 콩, 밀, 섬유질이 들은 식재료들이 있어요.

단위 : g

자견						성견					
1,000kcal ME			BW$^{0.75}$			1,000kcal ME			BW$^{0.75}$		
AI	RA	SUL	AI	RA	SUL	AI	RA	SUL	AI	RA	SUL
1.1	1.1		0.3	0.3		1.0	1.0		0.14	0.14	
자묘						성묘					
1,000kcal ME			BW$^{0.67}$			1,000kcal ME			BW$^{0.67}$		
AI	RA	SUL	AI	RA	SUL	AI	RA	SUL	AI	RA	SUL
0.67	1.0		0.14	0.209		1.3	1.3		0.13	0.13	

나트륨 및 염화물　나트륨은 우리가 일반적으로 알고 있는 대로, 삼투압의 조절, 산-염기 평형, 근육 수축 및 신경 전달뿐만 아니라 나트륨에 결합되어 수송되는 일부 영양소(리보플라빈, 티아민 및 아스코르브산)의 흡수를 위해서도 적정량이 필요해요.

생식에서 사용하는 육류, 뼈 및 장기 그리고 채소 등에 일정 부분 나트륨이 함유되어 있기 때문에 부족을 염려하지 않아도 돼요. 그리고 아이오딘 보충을 위해 테이블 샐트를 사용하면 권장량의 300~400% 정도까지 만족시킬 수 있어요.

건강한 개와 고양이는 나트륨에 대한 적응도가 높고, 깨끗한 물에 자유롭게 접근 가능하다면 과량된 나트륨을 체외로 적절히 배출할 수 있어요. 건강한 아이들이 무리하게 나트륨 제한식을 하는 경우 오히려 고혈압이 유발될 수도 있으므로, 나트륨에 대한 공포는 접어두고 적당량을 사용하는 것이 좋아요.

　개와 고양이에 있어 염화물의 권장량에 대한 연구는 없었어요. 따라서 일반적으로 염화나트륨(Nacl)의 비율에 근거하여 권장량을 설정하죠. 실제로 나트륨과 염화물은 배설 등에 있어 그 궤를 같이하기 때문에 요구량에 대한 근거를 설명할 수 있어요.

　생식의 레시피를 작성할 때 나트륨과 칼륨의 비를 맞춰주어야 한다는 이야기도 있는데, 권장량 내에서 레시피를 작성한다면 그 비율까지 맞출 필요는 없어요. 알데스테론과 이뇨 호르몬이 알아서 나트륨의 재흡수 및 배설을 조절하여 체내에서 일정한 나트륨:칼륨의 비율을 맞추기 때문이에요.

나트륨

단위 : mg

자견						성견					
1,000kcal ME			$BW^{0.75}$			1,000kcal ME			$BW^{0.75}$		
AI	RA	SUL	AI	RA	SUL	AI	RA	SUL	AI	RA	SUL
550	550		100	100		75	200	3,750	9.85	26.2	
자묘						성묘					
1,000kcal ME			$BW^{0.67}$			1,000kcal ME			$BW^{0.67}$		
AI	RA	SUL	AI	RA	SUL	AI	RA	SUL	AI	RA	SUL
310	350	2,500	65	74		160	170	3,750	16	16.7	

염화물

단위 : mg

자견						성견					
1,000kcal ME			$BW^{0.75}$			1,000kcal ME			$BW^{0.75}$		
AI	RA	SUL	AI	RA	SUL	AI	RA	SUL	AI	RA	SUL
720	720		200	200		300	300	5,875	40	40	
자묘						성묘					
1,000kcal ME			$BW^{0.67}$			1,000kcal ME			$BW^{0.67}$		
AI	RA	SUL	AI	RA	SUL	AI	RA	SUL	AI	RA	SUL
190	225		42	46.5		240	240		23.7	23.7	

철 식품 속의 철은 두 가지 형태로 존재해요.

❶ 헤모글로빈과 미오글로빈에 존재하는 헴철.
❷ 곡물과 식물 원료에 존재하는 비헴철

헴철은 철의 상태 및 다른 식이 요소에 의해 흡수에 영향을 받지 않지만, 비헴철은 피테이트나 아스코르브산, 칼슘, 인, 망간 등의 식이 요소에 의해 흡수에 크게 영향을 받아요.

따라서 생식에 헴철이 풍부한 내장류와 뼈를 충분히 사용하면 필요량을 만족시킬 수 있어요. 난각에도 다량 함유되어 있기 때문에 뼈 대신 난각을 사용하는 경우에도 많은 양을 보충할 수 있고요. 육류에서는 붉은 살코기 쪽이 함유량이 높으므로 소나 양 등의 대동물, 가금류에서도 꿩이나 오리를 사용하는 경우 부족을 염려하지 않아도 돼요. 미량의 부족한 부분은 킬레이트 미네랄을 통해 보충할 수 있어요.

앞서 이야기한 대로 산화철은 개와 고양이의 체내에서 이용될 수 없어요. 보통 산화철의 경우 개나 고양이의 사료 및 간식에서 붉은 색감을 내기 위해 사용되기도 해요. 생체 이용률이 0이기 때문에 색감을 낼 뿐 철을 공급하지는 않아요.

단위 : mg

자견						성견					
1,000kcal ME			BW$^{0.75}$			1,000kcal ME			BW$^{0.75}$		
AI	RA	SUL	AI	RA	SUL	AI	RA	SUL	AI	RA	SUL
18	22		5.0	6.1		7.5	7.5		1.0	1.0	
자묘						성묘					
1,000kcal ME			BW$^{0.67}$			1,000kcal ME			BW$^{0.67}$		
AI	RA	SUL	AI	RA	SUL	AI	RA	SUL	AI	RA	SUL
17	20		3.2	4.2		20	20		1.98	1.98	

구리　동물의 간에 다량 함유되어 있어요. 특히 다른 동물에 비해 소, 칠면조, 양 간의 경우 구리 함량이 높기 때문에 이런 동물들의 간을 생식에 사용할 때에는 구리가 심각하게 과잉되지 않도록 조절하는 것이 좋아요. 앞서 이야기한 것과 같이 돼지는 간에 구리를 개와 고양이가 생물학적으로 이용 불가능한 산화구리의 형태로 저장하기 때문에 돼지 간을 구리 보충용으로 사용할 수 없어요.

정상적인 신진대사를 갖는 개와 고양이에게 있어 구리는 과잉보다는 결핍인 경우가 더 많기 때문에 부족하지 않도록 충분한 양을 급여해 주는 것이 중요해요. 부족한 경우 일부 맥주 효모 및 킬레이트 구리를 사용하여 보충할 수 있어요.

개의 특정종(웨스턴 하이랜드, 스카이테리어 등)의 경우 유전적으로 구리 간독성을 유발하는 상염색체 열성 질환에 걸리기 쉽다는 연구 결과도 있으므로, 이런 종은 구리 과잉으로 인한 간독성의 상황을 면밀히 관찰할 필요가 있어요.

구리는 대부분의 육류, 특히 내장류에 다량 함유되어 있어요. 또한 반추동물의 간에는 기타 동물의 간보다 5~10배에 달하는 구리가 함유되어 있기 때문에, 과용에 주의하며 사용해야 해요.

단위 : mg

자견						성견					
1,000kcal ME			$BW^{0.75}$			1,000kcal ME			$BW^{0.75}$		
AI	RA	SUL	AI	RA	SUL	AI	RA	SUL	AI	RA	SUL
2.7	2.7		0.76	0.76		1.5	1.5		0.2	0.2	
자묘						성묘					
1,000kcal ME			$BW^{0.67}$			1,000kcal ME			$BW^{0.67}$		
AI	RA	SUL	AI	RA	SUL	AI	RA	SUL	AI	RA	SUL
1.10	2.10		0.23	0.44		1.2	1.2		0.119	0.119	

아연　아연은 피테이트, 칼슘, 인 등의 다른 영양 성분에 의해 흡수율이 크게 영향을 받아요. 특히 피테이트와의 길항 효과가 가장 커서 칼슘, 피테이트 등과 함께 불용성 복합체를 만들어 흡수되지 않는 경우가 생겨요.

그런 이유로 아연 요구량을 충족하였지만, 곡물이 다량 함유된 식이를 급여 받은 개에게서 아연 결핍이 나타났다는 연구 결과도 있어요.

아연은 미네랄임에도 과잉에 대한 독성이 비교적 적기 때문에 충분한 양을 포함할 수 있도록 신경을 써 주는 것이 좋아요. 실제로 아연의 과잉으로 인한 독성이 보고된 상황은 너트를 삼킨 개에 대한 것만 있을 정도로 부작용은 적지만, 너무 과잉되었을 경우에는 구리나 철의 흡수를 방해하기도 하니 심한 과용은 피하는 것을 권장해요.

아연은 육류 및 뼈를 적정량 사용하면 필요량이 충족될 수 있어요. 뼈 대신 난각이나 해조칼슘을 사용하는 경우에도 보충돼요. 살코기로는 붉은 부분에 더 많이 함유되어 있기도 해요.

단위 : mg

자견						성견					
1,000kcal ME			$BW^{0.75}$			1,000kcal ME			$BW^{0.75}$		
AI	RA	SUL	AI	RA	SUL	AI	RA	SUL	AI	RA	SUL
10	25		2.7	6.84		15	15		2.0	2.0	
자묘						성묘					
1,000kcal ME			$BW^{0.67}$			1,000kcal ME			$BW^{0.67}$		
AI	RA	SUL	AI	RA	SUL	AI	RA	SUL	AI	RA	SUL
12.5	18.5		2.6	3.9		18.5	18.5	150	1.9	1.9	

망간　망간은 식품에 함유되어 있는 양이 적긴 하지만 요구량 또한 적은 미네랄이에요. 또 미세 미네랄로서 식품 영양 함량표에 함량이 누락되는 경우가 많기 때문에, 레시피 상에서 자주 부족이 나타나는 영양소이기도 해요.

사실 망간의 경우 효소를 활성화시키는 것이 주요 역할이에요. 그러나 망간 이외에도 다른 양이온들(특히 마그네슘) 또한, 망간에 의해 활성화되는 효소들을 활성화시킬 수 있어요.

따라서 기능을 대체할 수 있는 다른 양이온들이 충분히 존재한다면, 망간의 부족은 생리적 또는 대사적 기능에 악영향을 끼치지 않을 수 있어요. 그러나 그렇다고 부족한 경우에 안심하기보단 적정한 양이 충족되도록 레시피를 구성하는 것이 좋아요. 보통은 킬레이트 망간을 단독으로 사용하거나 맥주 효모를 사용함으로써 보충할 수 있어요. 케일 등의 식재료도 망간을 비교적 다량 함유하고 있기 때문에 보충에 도움을 줄 수 있고요.

단위 : mg

자견						성견					
1,000kcal ME			BW$^{0.75}$			1,000kcal ME			BW$^{0.75}$		
AI	RA	SUL	AI	RA	SUL	AI	RA	SUL	AI	RA	SUL
1.4	1.4		0.38	0.38		1.2	1.2		0.16	0.16	
자묘						성묘					
1,000kcal ME			BW$^{0.67}$			1,000kcal ME			BW$^{0.67}$		
AI	RA	SUL	AI	RA	SUL	AI	RA	SUL	AI	RA	SUL
1.2	1.2		0.25	0.25		1.2	1.2		0.119	0.119	

셀레늄   셀레늄의 주요 기능은 세포 및 세포막을 산화적 손상으로부터 보호하는 거예요. 그렇다 보니 비슷한 역할을 하는 비타민E가 부분적으로 셀레늄을 대체하여, 필요량을 낮추기도 해요.

셀레늄의 가용성은 그 형태에 따라 크게 좌우돼요. 어류의 경우 다량의 셀레늄을 함유하고 있지만, 가용성은 매우 낮아요.

따라서 보충을 위해서는 육류의 살코기, 내장 그리고 난황 등을 사용하는 것이 좋아요. 사실 육류 기반인 생식의 경우 셀레늄의 부족이 초래될 가능성은 매우 낮아요. 오히려 과잉이 발생하는 경우가 많아요.

고양이는 육식 동물인 만큼 고단백식에 함유된 셀레늄을 적절히 통제할 수 있기 때문에 과잉이 발생하지 않는다는 연구가 있기는 하지만, 심한 과용이 되지 않도록 확인하는 것이 좋아요.

단위 : μg

자견						성견					
1,000kcal ME			BW$^{0.75}$			1,000kcal ME			BW$^{0.75}$		
AI	RA	SUL	AI	RA	SUL	AI	RA	SUL	AI	RA	SUL
52.5	87.5		13.7	25.1		87.5	87.5		11.8	11.8	
자묘						성묘					
1,000kcal ME			BW$^{0.67}$			1,000kcal ME			BW$^{0.67}$		
AI	RA	SUL	AI	RA	SUL	AI	RA	SUL	AI	RA	SUL
30	75		6.23	15.8		75	75		6.95	6.95	

아이오딘   아이오딘은 갑상선 호르몬인 T4와 T3의 구성 성분이에요. 갑상선은 매일 적극적으로 아이오딘을 포획하여 갑상선 호르몬의 생성을 보장해요.

아이오딘의 요구량은 생리학적 상태와 식이 구성에 영향을 받아요. 수유기에는 수유를 통해 다량의 아이오딘이 유실되므로 더 많은 양이 요구되고, 식이에 코발트, 망간, 칼륨 및 칼슘과 같이 갑상선을 자극하는 물질이 다량 함유되어 있을 때도 요구량이 증가해요.

아이오딘은 해조류에 다량 함유되어 있지만, 그 함량에 대한 정확한 가이드가 없는 경우가 대부분이에요. 그래서 미역이나 다시마 등의 재료를 사용하여 아이오딘을 보충할 경우 쉽게 과잉이 나타나기도 해요. 아이오딘을 적당히 통제하며 적절한 양을 급여할 수 있는 재료로는 아이오딘 처리된 테이블 샐트가 있어요. 보통 이런 소금은 아이오딘의 정확한 함량을 알 수 있기 때문에 많이 사용돼요.

단위 : μg

자견						성견					
1,000kcal ME			BW$^{0.75}$			1,000kcal ME			BW$^{0.75}$		
AI	RA	SUL	AI	RA	SUL	AI	RA	SUL	AI	RA	SUL
220	220		61	61		175	220	1,000	23.6	29.6	
자묘						성묘					
1,000kcal ME			BW$^{0.67}$			1,000kcal ME			BW$^{0.67}$		
AI	RA	SUL	AI	RA	SUL	AI	RA	SUL	AI	RA	SUL
450	450		93	93		320	350		31.6	35	

🐾 지질 🐾

보통은 지방이라고 이야기하지만 정확하게 표현하자면 지질이 맞아요. 지질은 상온에서 고체 상태인 것을 지방(fat), 액체 상태인 것을 기름(oil)이라고 불러요.

보통 포화 지방산은 상온에서 고체, 불포화 지방산은 액체예요. 이런 지질은 신체의 적절한 생리 기능(지용성 비타민의 흡수 등)을 제공할 뿐만 아니라, 탄수화물이나 단백질에 비해 고밀도로 응집된 에너지를 제공해요. 신체는 탄수화물 및 단백질을 쉽게 지질로 변환할 수 있어요.

그러나 지질은 직접 식품으로 섭취한 후 체내에 축적하여 사용하는 것이 체내 합성을 통해 사용하는 것에 비해 에너지의 활용 면에서 더 효율적이에요. 그리고 체내에서 합성되지 않는 지방산들이 존재하기 때문에 이 경우 반드시 식이를 통해 섭취해야만 하고요.

신체에서 합성되지 않기 때문에, 식품을 통해 충분한 양을 섭취하지 않으면 고전적인 부족증을 나타내는 지방산을 필수 지방산(Essential Fatty Acid: 이하 EFA)이라 하고, 계열에 따라 n-3, n-6, n-9으로 나뉘어요. 뒤에 붙은 숫자는 지방산의 구조에서 첫 번째 이중 결합(불포화)의 위치가 어디 있는지를 의미해요.

즉 n-3는 세 번째와 네 번째 탄소 사이에 첫 번째 이중 결합이 있는 것이고, n-6는 여섯 번째와 일곱 번째 탄소 사이에 첫 이중 결합이 있는 것이에요. 포유류는 포화지방산 및 n-9계 지방산의 경우 체내에서 합성할 수 있어요. 그러나 n-3 및 n-6계열의 지방산은 합성해

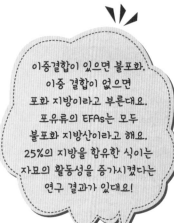

이중결합이 있으면 불포화,
이중 결합이 없으면
포화 지방이라고 부른대요.
포유류의 EFAs는 모두
불포화 지방산이라고 해요.
25%의 지방을 함유한 식이는
자묘의 활동성을 증가시켰다는
연구 결과가 있대요!

TIP

낼 수 없기 때문에 이들을 EFA라 불러요.

n-6 계열에는 리놀레산(18:2n-6)과 아라키돈산(20:4n-6)이, n-3 계열에는 α-리놀렌산 (18:3n-3), 에이코사펜타엔산(EPA, 20:5n-3), 도코사헥사엔산(DHA, 22:6n-3) 등이 있어요. 개는 리놀레산을 늘리고 포화시켜 아라키돈산을 합성할 수 있기 때문에, 개에게는 아라키돈산이 EFA가 아니지만, 고양이의 경우 아라키돈산을 체내에서 합성할 수 없기 때문에 EFA예요. 따라서 고양이는 동물성 식품을 통해 아라키돈산을 반드시 급여해 주어야만 해요.

총지방량 육류를 다량 사용하는 생식인 만큼 지방이 부족한 경우는 거의 발생하지 않아요. 그러나 가끔 지방에 대한 공포로 인해 과도하게 육류의 지방을 제거해서 급여하는 경우가 있어요. 지용성 비타민이 충분히 흡수되려면 지방의 양이 어느 정도는 확보되어야 하고, 에너지 밀도가 확보된 생식이야말로 well-made의 첫걸음이라 할 수 있기 때문에 적당한 양의 지방이 포함될 수 있도록 해주는 것이 좋아요.

고양이의 경우 의무적인 육식 동물인 만큼 사람이나 개에 비해 지방을 능숙하게 처리할 수 있기 때문에(비록 소화율은 낮지만) 육류의 껍질이라든가 살코기에 붙은 지방 등을 풍부하게 사용해 주면 식감에도 도움을 줄 수 있어요. 총 식이 지질의 함량이 25~30%일 때 기호도가 증가하고, 그 이상이 되면 에너지 밀도가 너무 올라가 식이 섭취량이 제한된다는 연구가 있어요.

단위 : g

자견						성견					
1,000kcal ME			$BW^{0.75}$			1,000kcal ME			$BW^{0.75}$		
AI	RA	SUL	AI	RA	SUL	AI	RA	SUL	AI	RA	SUL
21.3	21.3	82.5	5.9	5.9	23	10	13.8	82.5	1.3	1.8	10.8
자묘						성묘					
1,000kcal ME			$BW^{0.67}$			1,000kcal ME			$BW^{0.67}$		
AI	RA	SUL	AI	RA	SUL	AI	RA	SUL	AI	RA	SUL
22.5	22.5	82.5	4.7	4.7	17.2	22.5	22.5	82.5	2.2	2.2	8.2

리놀레산(LA) 　성장 및 피부 병변 예방에 필수적인 리놀레산은 동식물성 식품에 널리 그리고 다량 분포되어 있기 때문에 생식에서 부족한 경우는 거의 발생하지 않아요. 다만 소고기 및 버터의 지방에는 리놀레산이 거의 분포하지 않기 때문에 소고기를 사용하여 생식을 만들 때는 리놀레산의 총량을 확인할 필요가 있어요. 리놀레산의 또 다른 형태 중 하나로 공액 리놀산(CLA)이 있어요. 이 공액 리놀산은 반추 동물의 반추위 박테리아에 의해 자연 생성돼요.

따라서 소고기 생식을 제작할 때, 반추위(트라이프)를 같이 사용하면 양질의 리놀레산을 보충할 수 있게 돼요.

단위 : g

자견						성견					
1,000kcal ME			$BW^{0.75}$			1,000kcal ME			$BW^{0.75}$		
AI	RA	SUL	AI	RA	SUL	AI	RA	SUL	AI	RA	SUL
3.0	3.3	16.3	0.8	0.8	4.5	2.4	2.8	16.3	0.3	0.36	2.1
자묘						성묘					
1,000kcal ME			$BW^{0.67}$			1,000kcal ME			$BW^{0.67}$		
AI	RA	SUL	AI	RA	SUL	AI	RA	SUL	AI	RA	SUL
1.4	1.4	13.8	0.29	0.29	2.9	1.4	1.4	13.8	0.14	0.14	1.4

α-리놀렌산(ALA) 　n-3 계열 지방산인 α-리놀렌산(이하 ALA)은 심혈관 질환의 완화 및 예방에 도움을 주는 것으로 알려져 있어요. 또한 리놀레산의 일부 절약 효과를 제공하기 때문에 피모에도 영향을 줘요. 일반적으로 식물성 유지에 다량 함유되어 있다고 알려져 있지만, 다양한 동식물성 식품에도 미량이지만 대부분 존재해요. 식품마다 함유량이 적더라도 개와 고양이의 요구량 또한 워낙 적기 때문에 따로 식물성 유지를 사용하지 않더라도 요구량을 충족시킬 수 있어요.

자견						성견					
1,000kcal ME			BW$^{0.75}$			1,000kcal ME			BW$^{0.75}$		
AI	RA	SUL	AI	RA	SUL	AI	RA	SUL	AI	RA	SUL
0.18	0.2		0.05	0.05		0.09	0.11		0.012	0.014	
자묘						성묘					
1,000kcal ME			BW$^{0.67}$			1,000kcal ME			BW$^{0.67}$		
AI	RA	SUL	AI	RA	SUL	AI	RA	SUL	AI	RA	SUL
0.05	0.05		0.01	0.01							

아라키돈산(AA) 고양이는 혈소판 응집 및 신장의 가벼운 광물화를 예방하기에 충분할 정도로 아라키돈산을 합성해 내지 못하기 때문에 아라키돈산이 EFA예요. 아라키돈산은 또한, 정상적인 생식(Reproduction) 과정을 위해서도 필요해요. 아라키돈산은 동물성 지질에 다량 분포되어 있으므로 육류에서 지방을 심각하게 제거하지 않는 이상 생식에서 부족한 경우는 거의 발생하지 않아요.

자견						성견					
1,000kcal ME			BW$^{0.75}$			1,000kcal ME			BW$^{0.75}$		
AI	RA	SUL	AI	RA	SUL	AI	RA	SUL	AI	RA	SUL
0.08	0.08		0.022	0.022							
자묘						성묘					
1,000kcal ME			BW$^{0.67}$			1,000kcal ME			BW$^{0.67}$		
AI	RA	SUL	AI	RA	SUL	AI	RA	SUL	AI	RA	SUL
0.05	0.05		0.01	0.01		0.005	0.015	0.5	0.0005	0.0015	0.049

EPA/DHA n-3 계열인 EPA와 DHA는 α-리놀렌산(이하 ALA)을 통해 합성될 수 있어요. 그러나 인간의 경우도 ALA의 단 6% 정도만을 EPA와 DHA로 전환할 수 있다고 할 만큼 전환율이 매우 떨어져요.

특히 개와 고양이의 경우 ALA를 통해 DHA 1mg의 효과를 보려면 그 10배인 10mg 이상이 필요하고, ALA에서 EPA 및 DHA로의 전환율이 1% 정도라는 통계가 있는 만큼, 따로 식이를 통해 급여할 필요가 있어요.

n-3 계열의 지방산인 EPA 및 DHA는 심혈관, 안구, 피모, 모발, 골관절의 건강 및 신경계 기능에 영향을 준다고 알려진 기능성 지방이에요. 그러나 사실 개와 고양이의 EPA 및 DHA의 요구량은 부족으로 인해 건강 및 기능상의 문제점이 초래되지 않을 정도로 정해져 있기 때문에 아주 적어요.

따라서 그 기능적인 측면을 증대시키기 위해 영양소로 필요한 요구량 이상을 급여하는 것이 좋아요. 한 연구는 건강한 개의 경우 $125mg \times 몸무게^{0.75}$을, 건강한 고양이의 경우 $75mg \times 몸무게^{0.67}$을 제안했어요. 고양이는 과량 급여된 EPA 및 DHA가 혈소판에 영향을 주어, 혈액의 응고 시간을 연장시킨다는 연구 결과가 있어요. 따라서 너무 과량 급여되지 않도록 조심해야 해요.

단위 : g

자견						성견					
1,000kcal ME			BW$^{0.75}$			1,000kcal ME			BW$^{0.75}$		
AI	RA	SUL	AI	RA	SUL	AI	RA	SUL	AI	RA	SUL
0.13	0.313	2.8	0.036	0.036	0.77	0.11	0.11	2.8	0.03	0.03	0.37

자묘						성묘					
1,000kcal ME			BW$^{0.67}$			1,000kcal ME			BW$^{0.67}$		
AI	RA	SUL	AI	RA	SUL	AI	RA	SUL	AI	RA	SUL
0.025	0.025		0.005	0.005		0.025	0.025		0.0025	0.0025	

🐾 단백질(아미노산)

아미노산은 단백질의 분해 산물이며 빌딩 블록이라고 할 수 있어요. 조리하지 않은 육류를 다량 사용하게 되는 생식은 단백질이나 특정 아미노산의 부족이 초래되기 어려워요. 또, 아미노산이 충분히 급여되는 상황이라면 단백질은 아미노산을 통해 합성되기 때문에, 단백질의 요구량보다는 아미노산의 요구량을 충족시키는 것이 중요해요.

앞서 50페이지에서 단백질의 기능, 각 아미노산의 부족증 및 과량에 따른 중독 증상에 대해 살펴보았고, 아미노산은 대부분 육류에 풍부하게 함유되어 있기 때문에 각각의 개별적인 가이드라인은 생략하고 요구량만을 소개할게요. 다만 자묘(메티오닌과 시스테인을 제외한 모든 필수 아미노산)와 자견(라이신)의 경우 아미노산에 대한 SUL이 정해져 있으므로 초과되는 일이 없도록 주의가 필요해요.

조단백

단위 : g

자견						성견					
1,000kcal ME			$BW^{0.75}$			1,000kcal ME			$BW^{0.75}$		
AI	RA	SUL	AI	RA	SUL	AI	RA	SUL	AI	RA	SUL
35	43.8		9.7	12.2		20	25		2.62	3.28	
자묘						성묘					
1,000kcal ME			$BW^{0.67}$			1,000kcal ME			$BW^{0.67}$		
AI	RA	SUL	AI	RA	SUL	AI	RA	SUL	AI	RA	SUL
45	56.3		9.4	11.8		40	50		3.97	4.96	

알지닌

단위 : g

자견						성견					
1,000kcal ME			$BW^{0.75}$			1,000kcal ME			$BW^{0.75}$		
AI	RA	SUL	AI	RA	SUL	AI	RA	SUL	AI	RA	SUL
1.33	1.65		0.37	0.46		0.70	0.88		0.092	0.11	
자묘						성묘					
1,000kcal ME			$BW^{0.67}$			1,000kcal ME			$BW^{0.67}$		
AI	RA	SUL	AI	RA	SUL	AI	RA	SUL	AI	RA	SUL
1.93	2.4	8.75	0.40	0.50	1.83	1.93	1.93		0.19	0.19	

히스티딘

단위 : g

자견						성견					
1,000kcal ME			$BW^{0.75}$			1,000kcal ME			$BW^{0.75}$		
AI	RA	SUL	AI	RA	SUL	AI	RA	SUL	AI	RA	SUL
0.5	0.63		0.14	0.17		0.37	0.48		0.048	0.062	
자묘						성묘					
1,000kcal ME			$BW^{0.67}$			1,000kcal ME			$BW^{0.67}$		
AI	RA	SUL	AI	RA	SUL	AI	RA	SUL	AI	RA	SUL
0.65	0.83	5.5	0.14	0.17	1.15	0.65	0.65		0.064	0.064	

이소류신

단위 : g

자견						성견					
1,000kcal ME			$BW^{0.75}$			1,000kcal ME			$BW^{0.75}$		
AI	RA	SUL	AI	RA	SUL	AI	RA	SUL	AI	RA	SUL
1.0	1.25		0.28	0.35		0.75	0.95		0.098	0.12	
자묘						성묘					
1,000kcal ME			$BW^{0.67}$			1,000kcal ME			$BW^{0.67}$		
AI	RA	SUL	AI	RA	SUL	AI	RA	SUL	AI	RA	SUL
1.08	1.4	21.7	0.23	0.29	4.54	1.08	1.08		0.11	0.11	

메티오닌/시스테인

단위 : g

자견						성견					
1,000kcal ME			$BW^{0.75}$			1,000kcal ME			$BW^{0.75}$		
AI	RA	SUL	AI	RA	SUL	AI	RA	SUL	AI	RA	SUL
1.05	1.33		0.29	0.37		1.3	0.17		1.63	0.21	

자묘						성묘					
1,000kcal ME			$BW^{0.67}$			1,000kcal ME			$BW^{0.67}$		
AI	RA	SUL	AI	RA	SUL	AI	RA	SUL	AI	RA	SUL
1.75	2.2		0.37	0.46		0.68	0.85		0.067	0.084	

류신

단위 : g

자견						성견					
1,000kcal ME			$BW^{0.75}$			1,000kcal ME			$BW^{0.75}$		
AI	RA	SUL	AI	RA	SUL	AI	RA	SUL	AI	RA	SUL
1.63	2.05		0.45	0.57		1.35	1.7		0.18	0.22	

자묘						성묘					
1,000kcal ME			$BW^{0.67}$			1,000kcal ME			$BW^{0.67}$		
AI	RA	SUL	AI	RA	SUL	AI	RA	SUL	AI	RA	SUL
2.55	3.2	21.7	0.53	0.67	4.54	2.55	2.55		0.25	0.25	

라이신

단위 : g

자견						성견					
1,000kcal ME			$BW^{0.75}$			1,000kcal ME			$BW^{0.75}$		
AI	RA	SUL	AI	RA	SUL	AI	RA	SUL	AI	RA	SUL
1.4	1.75	5.0	0.39	0.49	1.39	0.7	0.88		0.092	0.11	

자묘						성묘					
1,000kcal ME			$BW^{0.67}$			1,000kcal ME			$BW^{0.67}$		
AI	RA	SUL	AI	RA	SUL	AI	RA	SUL	AI	RA	SUL
1.7	2.1	14.5	0.35	0.44	3.03	0.68	0.85		0.067	0.084	

페닐알라닌 / 티로신

자견						성견					
1,000kcal ME			$BW^{0.75}$			1,000kcal ME			$BW^{0.75}$		
AI	RA	SUL	AI	RA	SUL	AI	RA	SUL	AI	RA	SUL
2.0	2.5		0.56	0.7		1.48	1.85		0.19	0.24	
자묘						성묘					
1,000kcal ME			$BW^{0.67}$			1,000kcal ME			$BW^{0.67}$		
AI	RA	SUL	AI	RA	SUL	AI	RA	SUL	AI	RA	SUL
3.83	4.8	17	0.8	1.0	3.55	3.83	3.83		0.38	0.38	

쓰레오닌

자견						성견					
1,000kcal ME			$BW^{0.75}$			1,000kcal ME			$BW^{0.75}$		
AI	RA	SUL	AI	RA	SUL	AI	RA	SUL	AI	RA	SUL
1.25	1.58		0.35	0.44		0.85	1.08		0.11	0.14	
자묘						성묘					
1,000kcal ME			$BW^{0.67}$			1,000kcal ME			$BW^{0.67}$		
AI	RA	SUL	AI	RA	SUL	AI	RA	SUL	AI	RA	SUL
1.3	1.6	12.7	0.27	0.33	2.66	1.3	1.3		0.13	0.13	

트립토판

자견						성견					
1,000kcal ME			$BW^{0.75}$			1,000kcal ME			$BW^{0.75}$		
AI	RA	SUL	AI	RA	SUL	AI	RA	SUL	AI	RA	SUL
0.35	0.45		0.1	0.13		0.28	0.35		0.036	0.046	
자묘						성묘					
1,000kcal ME			$BW^{0.67}$			1,000kcal ME			$BW^{0.67}$		
AI	RA	SUL	AI	RA	SUL	AI	RA	SUL	AI	RA	SUL
0.33	0.4	4.25	0.069	0.084	0.89	0.33	0.33		0.032	0.032	

발린

자견						성견					
1,000kcal ME			$BW^{0.75}$			1,000kcal ME			$BW^{0.75}$		
AI	RA	SUL	AI	RA	SUL	AI	RA	SUL	AI	RA	SUL
1.13	1.4		0.31	0.39		0.98	1.23		0.13	0.16	
자묘						성묘					
1,000kcal ME			$BW^{0.67}$			1,000kcal ME			$BW^{0.67}$		
AI	RA	SUL	AI	RA	SUL	AI	RA	SUL	AI	RA	SUL
1.28	1.6	21.7	0.27	0.33	4.54	1.28	1.28		0.13	0.13	

글루타민산

자묘						성묘					
1,000kcal ME			$BW^{0.67}$			1,000kcal ME			$BW^{0.67}$		
AI	RA	SUL	AI	RA	SUL	AI	RA	SUL	AI	RA	SUL
		18.8			3.92						

타우린

자묘						성묘					
1,000kcal ME			$BW^{0.67}$			1,000kcal ME			$BW^{0.67}$		
AI	RA	SUL	AI	RA	SUL	AI	RA	SUL	AI	RA	SUL
0.08	0.1	2.22	0.017	0.021	0.46	0.08	0.1		0.0079	0.0099	

이렇게 생식의 레시피를 작성하기 전에 확인이 필요한 각 영양소의 요구량 및 그 요구량의 충족법에 대해 살펴보았어요. 하나하나 요구량을 확인하고 내가 만들 생식 레시피에 포함시키는 것이 쉬운 일은 아니겠지만, 반드시 필요한 과정임을 인식할 수 있었던 챕터였기를 바랄게요!

그럼 이제 다음 챕터에서는 레시피를 구성할 때 유의해야 할 점들과 보조제의 함량을 확인하는 법, 레시피 예제 등의 실제적인 이야기들을 하도록 할게요.

소문난 생식 맛집의 비법 공유서

NAME 멜로디

BIRTHDAY 2017년 9월 생 추정

BREED 중국 도메스틱 숏

멜로디는 태어난 후 1개월령 정도에 어미로부터 독립해서 살던 아이였어요.

제가 생후 1개월 정도에 발견해서 몇 개월간 길에서 습식사료와 건사료를 먹여가며 돌봤고 2018년 5월, 우여곡절 끝에 입양하게 되었어요.

길에서 돌볼 때부터 간간히 집에서 만든 생식을 보양식 삼아 먹여 왔어요. 그래서 입양한 후 생식에 적응하는 데에는 아무런 어려움이 없었어요. 밖에서 살다 집에 데리고 들어와서 한동안은 거의 수컷 성묘의 2배를 먹을 정도로 식탐이 강력했지만, 지금은 보통의 아이들만큼 먹고 있어요.

불내성이나 알러지가 없고, 식탐도 있는 아이라 호불호라는 게 거의 없이 무난하게 잘 먹는 아이예요. 막 만든 생식을 너무 좋아해서 생식을 만들 때는 늘 옆에서 200g 정도까지=_= 얻어먹고는 해요.

생식 시작하기
Part 2

MELODY

MEOW~*

소문난 생식 맛집의 비법 공유서

급여 가이드

영양소의 권장량을 확인하여 생식을 만들었다면, 만들어진 생식이 가진 에너지양이 얼마인지를 알아야 일 급여량을 계산할 수 있게 돼요. 사실 이것은 생식을 제작하기 전, 이미 계산이 되어있어야 할 것이긴 하지만요. 그럼 이제부터 그 계산 방법에 대해 자세히 살펴보도록 할게요. 계산식이 나오고, 단계별로 계산을 해야 해서 어렵다는 생각이 들 수도 있지만, 쉽게 이해할 수 있도록 정리해가며 차근차근 설명하도록 할 테니 힘을 내셔요.

🐾 생식이 가진 에너지의 계산

급여량의 결정은 내가 만든 생식이 어느 정도의 열량을 가지고 있는지 아는 것에서부터 출발해요. 모든 동물은 체중에 맞는 에너지 요구량을 가지고 있고, 보통 그 에너지 요구량에 맞추어 급여량을 결정해야 하니까요.

Atwater 계수 　앞서 영양 관련 용어를 살펴볼 때 다량 영양소라는 것이 나왔었는데요. 다량 영양소란 식품 속에 다량 함유되어 있는 영양소로 보통은 에너지를 내는 탄수화물, 단백질, 지방을 의미해요. 이 세 가지 영양소만이 에너지를 발생시킬 수 있기 때문에 우리는 생식이 가진 에너지양을 계산하기 위해, 만들어진 생식에 포함된 이 세 가지 영양소의 양을 알아야만 해요.

기억을 더듬어 과거 중학교 시절로 회귀해 보면, 우리는 탄수화물은 4kcal/g, 지방은 9kcal/g, 단백질은 4kcal/g의 에너지를 방출한다는 것을 이미 배웠어요. 각 영양소를 완전연소시켜 방출되는 에너지양을 계산한 것이 Atwater라는 박사라서 우리는 이것을 Atwater 계수라고 불러요.

그럼 간단하게 생각해 보면, 생식에 들어 있는 '단백질의 양(g)*4kcal+지방의 양(g)*9kcal+탄수화물의 양(g)*4kcal'가 내가 만든 생식이 가진 에너지의 양이 된다는 것을 알 수 있죠.

그러나 수정된 Atwater 계수라는 것이 있어요. 그게 무엇이냐 하면, 식품이 열을 통해 가공되면 본래 영양소가 가지고 있던 에너지(열량)가 모두 흡수되기는 어렵다고 생각해서 흡수율을 감안하여 각 다량 영양소에서 g당 0.5kcal씩을 적게 적용하는 거예요.(제외하는 열량은 그냥 일괄적으로 0.5씩을 제외한 것이 아니라 가공된 상태의 각 영양소의 흡수 비율 적용하여 결정된 거예요.)

Atwater 계수는
탄수화물은 98%,
지방은 96% 그리고
단백질은 90%가 소화된다는
기준이래요!

TIP

즉, 고온 압출이라는 가공 방식을 거친 식재료들은 지방이 g당 8.5kcal, 단백질은 3.5kcal, 탄수화물도 3.5kcal의 에너지를 함유한다고 수정해서 적용하는 것이죠.

그런데 여기서 한 가지 확인하고 넘어가야 할 것이 있어요. 앞서 '알아두어야 할 용어' 부분에서 살펴보았듯이 개나 고양이의 영양 요구량을 제시하는 기관은 크게 AAFCO, FEDIAF, NRC 정도가 있어요.

이 중에서 AAFCO와 FEDIAF의 경우 상업 사료의 영양 권장량을 제시하는 곳이고, NRC의 경우 홈메이드식을 포함한 일반적인 기준량을 제시한다고 보면 돼요. 보통 각 기관의 영양 권장량을 비교하다 보면 AAFCO나 FEDIAF의 권장량이 NRC에 비해 높다고 느끼게 되는 경우가 있어요.

이는 아무래도 상업용 사료들이 고온 압출이라는 제조 방법을 거쳐 만들어지기 때문에, 그 과정에서 파괴되는 영양소들의 양이나 저하되는 영양소의 흡수율을 감안하여 식품의 에너지양 및 급여 권장량을 결정하기 때문이에요.

따라서 AAFCO나 FEDIAF에 비해 NRC의 영양 권장량 프로파일이 '신뢰성이 높다'라든가, '과용을 방지했다'고 수치만을 두고 절대적인 비교를 할 수는 없어요. 각 제조 방식에 맞는 영양소의 에너지양이나 요구량을 결정하기 위해 채택한 연구 결과나 수치가 다를 뿐이니까요. 다만 우리는 홈메이드식을 제조할 것이기 때문에 NRC의 권장량에 맞추어 식품의 에너지양이나 급여 권장량을 계산하면 되겠죠.

그래서 우리는 생식이 가진 에너지양을 계산하기 위해서 상업 사료에서 사용하는 수정된 Atwater 계수를 사용하지 않고, 일반적인 Atwater 계수를 사용할 거예요. 또 NRC에서 제시한 방정식을 사용하여 식품의 ME(대사 에너지)를 계산할 거고요. NRC가 제시한 방정식은 4단계로 되어있어요. 이 ME 산출법은 홈메이드식뿐만 아니라, 상업용 사료 또한 사용하는 방법이에요.

🦴 개의 식이 1g당 ME 계산법

Atwater 계수를 사용한 일반적인 ME 계산법

ME(kcal) = (4 X 단백질/g) + (9 X 지방/g)

+ (4 X NFE(식품 속 당질 또는 탄수화물의 총량)

NRC2006 방정식을 이용한 ME 계산법

STEP1 - GE의 결정

GE(kcal) = (5.7 X 단백질/g) + (9.4 X 지방/g) + (4.1 X NFE+식이섬유/g)

STEP2 - 에너지 소화율의 계산

소화율 = 91.2−(1.43 X 건조 중량(DM)에서 조섬유의 비율)

STEP3 - DE의 결정

DE(kcal) = (GE X 에너지 소화율/100)

STEP4 - ME의 결정

ME(kcal) = DE − (1.04 X 단백질/g)

🦴 고양이의 식이 1g당 ME 계산법

Atwater 계수를 사용한 일반적인 ME 계산법

ME(kcal) = (4 X 단백질/g) + (8.5 X 지방/g)*

+ (4 X NFE(식품 속 당질 또는 탄수화물의 총량)

*고양이의 경우 지방의 흡수율이 개에 비해 떨어지기 때문에 1g 당 8.5kcal를 사용.

NRC2006 방정식을 이용한 ME 계산법

STEP1 - GE의 결정

GE(kcal) = (5.7 X 단백질/g) + (9.4 X 지방/g) + (4.1 X NFE+식이섬유/g)

STEP2 - 에너지 소화율의 계산

에너지 소화율 = 87.9 − (1.43 X 건조 중량(DM)에서 조섬유의 비율)

STEP3 - DE의 결정

DE(kcal) = (GE X 에너지 소화율/100)

STEP4 - ME의 결정

ME(kcal) = DE − (0.77 X 단백질/g)

자, 그럼 실질적인 예시를 들어 순차적으로 계산을 해보도록 할게요.

먼저 제가 우리 집 개들을 위해 만든 생식이 73%의 수분, 12%의 단백질, 9%의 지방, 3%의 회분, 1%의 조섬유, 2%의 NFE(당질 혹은 탄수화물)을 함유하고 있다고 할게요. 그럼 이 함유량을 가지고 단계에 따라 이 식이의 1g당 ME양을 계산해 보도록 해요.

STEP1 - GE의 결정

GE(kcal/g) = (5.7 X 0.12) + (9.4 X 0.09) + (4.1 X (0.01+0.02)) = 1.653

STEP2 - 에너지 소화율의 계산

에너지 소화율 = 91.2−(1.43 X 1(조섬유의 비율)/27(100−수분함량) X 100) = 85.9%

STEP3 - DE의 결정

DE(kcal/g) = 1.635 X 85.9/100 = 1.40

STEP4 - ME의 결정

ME(kcal/g) = 1.4 − (1.04 X 0.12) = 1.28

*NRC Nutrient Requirements of Dogs and Cats p31.

이제 계산이 끝났어요. 복잡하지만 이런 과정을 거쳐 제가 우리 집 개들을 위해 만든 생식이 1g당 ME 1.28kcal의 열량을 내고 있다는 걸 알아내게 된 거예요. 고양이도 계수들이 개와는 조금씩 다른 것들이 있기는 하지만, 계산식을 통해 같은 방식으로 적용하면 돼요. 수와 식이 들어가다 보니 어려운 느낌이 있기는 하지만 억지로 한 번에 계산하려 하지 말고 제가 계산한 수치를 그대로 적용하여 예시 삼아 계산해 보면 과정이 이해될 거예요. 그럼 내가 만든 생식이 가진 에너지의 양을 알게 되었으니, 이번에는 내 아이에게 필요한 에너지 요구량을 계산해야겠죠. 그래야 급여량을 정할 수 있게 될 테니까요. 그럼 이번에는 내 아이에게 필요한 에너지 요구량에 대해 알아보도록 할게요.

❀ 에너지 요구량의 계산

에너지 요구량은 보통 MER(Maintenance Energy Requirement. 유지 에너지 요구량)을 사용해요. 이는 일반적으로 중등도 정도의 활동량을 가진 동물이 일상생활을 유지하기 위해서 필요한 에너지 요구량을 의미하고요. MER은 생의 각 단계, 활동량 및 종에 따라 계수가 다르며, 각각의 계수에 몸무게를 곱해 계산하는 방식을 사용해요.

개의 일 에너지 요구량

자견

> · 막 태어났을 때 : 몸무게 100g 당 25kcal
> · 이유(離乳)기 : $130 \times 몸무게^{0.75} \times 3.2 \times [e^{-0.87p} - 0.1]$

먼저, 자견의 에너지 요구량 계산법이 너무 복잡한 면이 있어 약간의 설명을 더 하도록 할게요. 여기서 p는 현재 몸무게를 앞으로 성견이 되었을 때 예상되는 몸무게로 나눈 것이고, e라는 것은 수학에서 이야기하는 오일러 상수예요. 자연로그 이야기를 하면 기억날까요? 하지만 이런 건 의미만 알고 신경 쓰지 않아도 계산기가 알아서 계산해 주니 괜찮아요. 자견과 자묘의 에너지 요구량이 성견과 성묘에 비해 복잡한 이유는, 성장기이기 때문에 에너지 요구량이 성체에 비해 크고 성장률까지 감안되어 있어서예요. 그럼 예를 하나 들어서 같이 계산해 보면 아마 이 수식을 이해할 수 있을 거예요.

이제 막 젖을 뗀 아가 골든 리트리버가 있다고 해요. 이 아이는 현재 20주령으로 약 17kg, 앞으로 성견이 되었을 때 35kg이 되기를 희망하고 있다고 가정하고요. 그럼 이제 이 아이에게 필요한 일 에너지 요구량을 계산해 보도록 할게요.

$$130 \times 17^{0.75} \times 3.2 \times [e^{(-0.87 \times \frac{17}{35})} - 0.1] = 1,934 \text{kcal}$$

이런 결과가 나와요. 사실 계산기가 계산해 준다고 해도 쉬운 수식이 아니고, 또 공학용 계산기를 이용해야 하기 때문에 일반적으로 사용하기에는 어려운 부분도 있을 거예요. 그러나 이 방식은 기대 체중에 맞춰 내 아이의 현재 몸무게에 따른 에너지 요구량을 계산할 수 있다는 장점이 있어요. 그래도 너무 복잡해서 계산하기 어렵다 느끼는 경우, 이를 단순화시켜 현재 체중과 기대 체중의 비율을 계산해서 적용하는 방법도 있어요.

· 현재 체중이 기대 체중의 50% 미만일 때 : $130 \times$ 몸무게$^{0.75} \times 2$
· 현재 체중이 기대 체중의 50~80% 미만일 때 : $130 \times$ 몸무게$^{0.75} \times 1.6$
· 현재 체중이 기대 체중의 80~100% 미만일 때 : $130 \times$ 몸무게$^{0.75} \times 1.2$

그러나 이것은 현재 체중과 기대 체중에 따른 대략적인 계산이라는 것을 염두에 둬야 해요. 그리고 다른 자견에 비해 활동력이 낮은 아이라면 계산된 에너지 요구량에서 10~20% 정도를 감소시켜 적용하고, 반대로 활동력이 더 높은 아이의 경우 에너지 요구량을 증가시켜 적용해야 해요.

성견

- · 반려견 평균 : 130×몸무게$^{0.75}$
- · 어리고 활동력이 높은 반려견 : 140×몸무게$^{0.75}$
- · 활동력이 거의 없는 반려견 : 95×몸무게$^{0.75}$
- · 노령, 활동력이 있는 반려견 : 105×몸무게$^{0.75}$

성견은 연령 및 활동력에 따라 기초대사량을 산출하는 방식이기 때문에 비교적 수식이 간단해요. 그러나 그레이트 댄이나 테리어 종은 에너지 요구량이 높아요. 그레이트 댄은 계수가 200, 테리어 종은 계수가 180이니 참고하여 계산해야 해요.

이렇게 해서 자견과 성견의 에너지 요구량에 대해 살펴봤으므로 이번에는 고양이의 MER 계산법을 확인해 보도록 할게요. 고양이 반려인 분들도 앞선 자견의 급여량 계산법을 봤다면 직감했을 거예요.

'아…자묘, 쉽지 않겠구나…' 자묘 또한 자견과 마찬가지로 성묘가 되었을 때 목표하는 기대 체중이 있기 때문에 자견의 공식과 비슷한 식을 사용해요. 다만 고양이는 기초대사량이 개와는 다르기 때문에 몸무게의 지수로 0.75제곱이 아닌 0.67제곱을 사용하고, 각 계수들이 조금씩 달라요.

고양이의 일 에너지 요구량

자묘

$$100 \times 몸무게^{0.67} \times 6.7 \times [e^{(-0.189p)} - 0.66]$$

여기서도 p는 현재 몸무게를 성묘가 되었을 때의 기대 몸무게로 나눈 값이에요. 그럼 자견과 마찬가지로 예를 들어 계산해 보도록 해요. 현재 8주령의 1kg인 도메스틱 숏 고양이가 있다고 가정할게요. 성묘 때의 기대 체중은 4kg이에요.

$$100 \times \text{몸무게}^{0.67} \times 6.7 \times [e^{(-0.189 \times \frac{1}{4})} - 0.66] = 198\text{kcal}$$

자묘 역시 위의 방식이 복잡하다면, 기대 몸무게에 대한 현재 몸무게의 비율에 따라 간단한 공식을 적용해 볼 수 있어요.

- 현재 체중이 기대 체중의 50% 미만 일 때 : $100 \times \text{몸무게}^{0.67} \times 2$
- 현재 체중이 기대 체중의 50~80% 미만 일 때 : $100 \times \text{몸무게}^{0.67} \times 1.6$
- 현재 체중이 기대 체중의 80~100% 미만 일 때 : $100 \times \text{몸무게}^{0.67} \times 1.2$

자묘의 간단한 공식 역시 기대 체중에 대한 정확한 에너지 요구량을 계산하기에는 한계점을 가지고 있음을 감안해야 해요.

🦴 성묘

- 보통 체격의 성묘 : $100 \times \text{몸무게}^{0.67}$
- 과체중인 성묘 : $130 \times \text{몸무게}^{0.4}$

이런 계산이 너무 어렵다면 이 부분만 엑셀에 수식으로 입력하면 간단하게 구해볼 수 있어요.

자, 이제 생의 각 단계에 따른 에너지 요구량을 확인했다면 앞서 계산했었던 생식 1g이 가진 ME에 따른 급여량을 계산해 볼까요? 앞서 제가 저희 집 개를 위해 만든 생식은 1g당 1.28kcal의 ME를 가지고 있었어요. 이걸 4kg의 성견에게 급여한다고 가정할게요.

먼저 일반적인 성견 4kg에게 필요한 1일 에너지 요구량을 계산해야겠죠. 위에 주어진 공식을 사용하면, $130 \times 4^{0.75} = 367.7$kcal가 필요하다는 걸 알 수 있어요. 제가 만든 생식은 1g당 1.28kcal의 ME를 가지고 있으므로 MER을 1g당 ME로 나누면, $367.7 \div 1.28 = 287$g 정도를 급여하면 된다는 것을 알 수 있겠죠?

힘든 여정이었지만 여기까지 잘 따라와 줘서 감사해요. 지금까지 우리는 아이들에게 필요한 영양소와 생식이 가진 열량 계산법, 또 에너지 요구량 등을 계산해 보았어요. 이것을 통해 기본적으로 급여량을 정하고 적용할 수 있을 거예요.

그러나 한 가지 염두에 둬야 할 것은, 모든 동물에게는 개체차라는 것이 존재하기 때문에 공식이 아무리 치밀하거나 올바르다고 해도 아이들의 개별적인 상태에 따라 적절한 증감이 필요할 수 있다는 거예요. 개체차는 말 그대로 개체마다 다른 것이기 때문에 개별적인 증감률까지 수치화하여 나타내기는 쉽지 않아요. 따라서 반려인 스스로 아이의 상태를 보고 조절해야 해요. 이것이 쉽지는 않겠지만 '세상에서 내 아이를 가장 잘 아는 것은 그 누구도 아닌 나'라는 생각으로 아이를 면밀히 관찰한다면 분명 절충안을 찾을 수 있을 거예요.

여기까지 왔으니 생식이라는 길고 긴 여행을 출발할 수 있는 기반은 만들어졌을 거예요. 그럼 다음 챕터에서는 레시피를 작성할 때 어떤 점에 주의하여야 하는지, 영양소들은 어떤 방식으로 충족시킬 수 있는지, 실질적으로 작성된 레시피의 예시에 대해 살펴보도록 할게요.

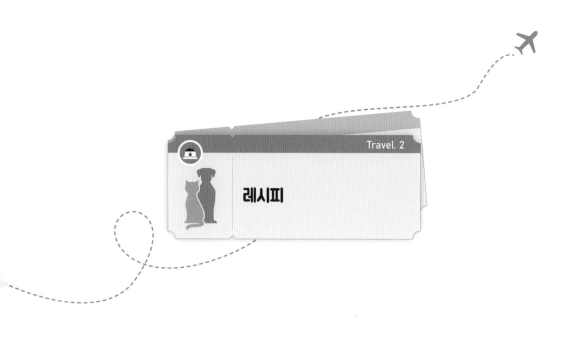

Travel. 2

레시피

🐾 레시피를 작성할 때 살펴보아야 할 주요 사항들

❶ 채소나 육류의 비율을 1:9라든가 2:8로 맞춘다가 아닌, 영양 밸런스에 주안점을 맞추어야 해요. 재료의 비율보다는 어떤 재료를 얼마나 사용하느냐에 따라 영양소의 함유량이 달라지기 때문이에요.

❷ 인 : 칼슘비는 1:1~1:2 사이로 작성되어야 해요. 이 범위 이내에서 두 영양소의 길항은 거의 일어나지 않아요.(칼슘은 인뿐만 아니라 대부분의 미네랄과 길항작용을 보여요. 칼슘과 인 외에도 모든 미네랄과 비타민은 수많은 길항 및 시너지 관계에 있어요.) 그러나 인 :칼슘의 비율이 1:1.6 이상이 되면 변이 심각하게 경화되기도 하니, 적정한 수준의 비율로 맞추는 것을 권장해요. NRC에서 권장하는 인과 칼슘의 양을 대비시켜 비를 구해 보면 개의 경우 약 1:1.3, 고양이의 경우 약 1:1.13이에요.

❸ 자묘와 자견은 일생에서 영양소의 흡수율이 가장 높은 시기예요. 기관, 치아 및 뼈가 형성되고 성장하는 시기이므로 칼슘의 흡수율이 증대돼요. 칼슘의 비율이 인에 비해 높은 경우 흡수율이 증가하며 변비가 유발될 수 있어요. 이 시기의 생식은 되도록 인:칼슘의 비율을 1:1에 가깝게 맞추는 것이 좋아요.

자묘에 대한 연구에서 인의 비율이 칼슘의 비율에 비해 높은 상태의 식이를 6개월 이상 급여해도 자묘는 정상 성장률을 보였고, 전신적인 건강 문제가 발생하지 않았어요.

성견이나 성묘보단 에너지 요구량이 높고, SUL이나 RA가 성체와는 다른 일부 영양소들이 있기 때문에, 성체와 성장기 동물에게 동시에 급여할 생식을 만들 때는 성장기 동물의 영양 권장량을 기준으로 만들어 급여량을 조절하는 것이 좋아요.

❹ 식품에 함유된 영양소의 분석 데이터는 어디까지나 추정이라는 점을 잊지 마세요. 절대적인 자료로 생각하여 영양 요구량을 딱 100% 선에서 맞추면 부족이 초래될 수 있어요.

모든 영양소를 요구량의 딱 100%에 맞추면 수용성 영양소의 경우 냉-해동 과정에서의 손실 및 위를 통과하며 산과의 접촉으로 인한 파괴 문제가 발생하고, 지용성 영양소와 미네랄의 경우 낮은 흡수율로 인한 문제가 발생해요.

❺ 미세 미네랄 및 요구량이 소량인 비타민의 급여량을 DM% 또는 식이의 ME(1,000kcal 혹은 4,000kcal)에 따른 요구량에 따라 맞추다 보면, 부족한 경우가 생겨요. 필요량은 적지만 모든 아이들이 MER만큼 섭취하지는 않기 때문이에요.

따라서 보통의 MER보다 적게 먹거나 과도하게 많이 섭취하는 아이들의 경우 이런 미세 미네랄의 부족 혹은 과용이 나타나게 돼요. 이를 위해 NRC에서는 미세 미네랄 및 비타민의 요구량을 기초 대사량에 맞춰 계산하라고 가이드해요.

❻ 오메가3 : 오메가6의 비율은 1:1~1:20까지 허용돼요. 그러나 보통 오메가3는 항염증 인자로, 오메가6의 경우 염증을 유발하는 인자로 알려져 있으므로 비율을 낮춰주는 것이 좋아요. 1:10 이하로 맞추는 것을 추천해요.

❼ 영양소들의 흡수 채널이 같아 서로 흡수를 방해하는 길항 작용이라는 것이 있지만, 권장량 내에서는 이런 길항 작용이 나타난다고 해도 심각하게 서로의 흡수를 방해하지는 않아요. 길항 작용에 대한 염려는 접어두고 충분한 양이 적정히 함유될 수 있도록 레시피를 작성하는 것이 좋아요.

❽ 인을 제한해야 하는 레시피의 경우 뼈의 양을 줄여요. 뼈는 다량의 칼슘뿐만 아니라 인 및 각종 미네랄을 공급하는 재료예요. 다만 뼈를 줄이게 되면 공급되는 칼슘의 양 또한 줄어들게 되므로 적정한 칼슘 보충제를 찾아 급여해야 해요.

❾ 콜린이나 아이오딘과 같은 영양소가 부족한 것은 절대적인 양이 부족한 것일 수도 있지만, 식품 데이터 분석이 미비해서 콜린과 아이오딘양까지 기록되어 있지 않아 사용할 수 없기 때문이기도 해요.
따라서 부족이 발생한 상황이 데이터가 없어서인지, 데이터가 있음에도 실질적으로 사용한 식재료 만으로는 부족한 상황인지를 구별할 필요가 있어요. 전자라면 보충제를 사용하여 권장량을 맞출 필요가 없지만, 후자라면 보충제를 사용하여 권장량을 맞춰야 하니까요.

❿ 특정한 레시피를 참조하여 제작할 때, 기준량 대비 2~3배 증량해서 만든다고 해서 들어가는 보조제의 양 또한 2~3배로 증량해야 하는 것은 아니에요. 필요 총량과 과부족의 상태를 확인해야 해요. 특히 미세 미네랄이나 권장량이 매우 적은 비타민류 같은 경우, 제작하는 양에 비례하여 똑같이 증량하게 되면 심각한 과용이 발생할 수 있어요.

⓫ 식이는 에너지 밀도를 가지도록 만들어야 해요. 기본적으로 에너지를 낮게 가지는 식이는 잘 만들어진 밥이라 할 수 없어요.

⓬ 에너지 밀도를 위해 식이를 구성하고 있는 에너지의 40~50%는 지방에서, 나머지는 단백질과 탄수화물에서 나오도록 레시피를 작성하는 것이 좋아요.

Travel. 3

식품 및 보조제의 영양소 함량 확인법

🐾 식품 함량

　개와 고양이에게 필요한 영양소의 권장량을 확인했다면, 이제는 식품에 이러한 영양소들이 각각 얼마나 함유되어 있는지 확인하는 과정이 필요해요.

　식품의 영양소 함량 데이터를 제공하는 기관 중 가장 광범위한 데이터를 보유하고 있으며, 다양한 영양소의 함량을 제공하는 곳은 미국 농무부인 USDA예요. 원재료 및 가공식품의 100g당 영양소의 함량을 정리해 놓은 데이터가 개와 고양이 생식의 영양 데이터로 사용하기에 가용성이 가장 높아요.

URL : fdc.nal.usda.gov

USDA 사이트에 접속하여 필요한 식품명을 영어로 기입한 후 검색하면 쉽게 함량을 확인할 수 있어요.

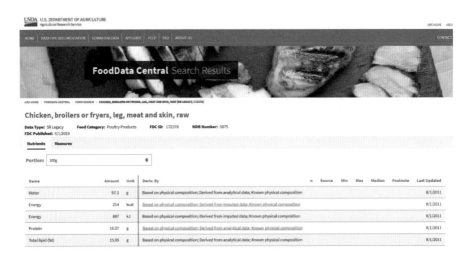

식품명, 식품의 상태 등을 자세히 기입할수록 검색이 간결해져요. 예를 들어 닭 다리, 살코기만, 생고기(chicken legs, meat only, raw) 식으로 검색어의 조건을 추가 해 주면 돼요.

USDA가 광범위한 데이터를 보유하고 있지만, 미국과 우리나라의 토양은 다르 기 때문에 작물들의 미네랄이나 비타민 함량이 다를 수 있어요. 또 동물성 원료 의 경우에도 사육 방식이나 품종의 차이로 인해 영양 데이터의 함량이 매우 다른 경우가 생기기도 하고요. 이렇게 북미의 식품들과 차이가 있는 작물이나 동물성 원료를 사용할 때에는 우리나라의 농진청에서 제공하는 농식품 종합 정보 시스 템을 이용할 수 있어요.

농식품 종합 정보 시스템 사이트(URL : koreanfood.rda.go.kr/kfi/fct/fctFoodSrch/ list)에 접속한 후 식품명으로 검색하면 돼요. 그러나 농진청의 자료는 우리나라에 서 많이 생산되지 않는 식품의 경우 USDA 데이터를 그대로 차용해서 사용하기도 해요.

이렇게 확인한 식품 100g당 각 영양소의 함유량을 엑셀에 표를 만들어서 기입해요. 그 후 생식에 사용하는 양에 비례하여 함유량이 계산되도록 수식을 작성하고요. 마지막으로 각 영양소의 함유량을 더해서 권장량과 비교하면 충족 여부를 확인할 수 있어요.

보조제 함량

보조제의 영양소 함량은 간단하게 레이블을 확인하면 돼요. 레이블에는 보조제에 함유된 영양소의 함량이 모두 기재되어 있기 때문에 1캡슐의 함량을 기준으로 사용량에 비례하여 적용하면 되고요.

그런데 보조제의 경우 일부 비타민 등의 함량이 IU(International Unit)로 기재되어 있는 경우가 있어요. 식품의 비타민 함량은 mg으로 되어 있기 때문에 생식에 함유된 각 영양소의 총합을 구할 때는 IU로 기재된 함량을 mg으로 변환할 필요가 있어요.

또 사용하는 비타민제가 일반적으로 알고 있는 형태가 아닐 경우, 그 안에 함유된 특정 비타민의 함량이 얼마인지 계산해야 할 때도 있고요.

예를 들어 내가 급여하는 비타민제에는 티아민이 염산티아민(thiamine hydrochloride)의 형태로 들어 있다고 했을 때, 과연 티아민의 함량은 어느 정도나 되는지 환산할 필요가 있다는 거죠.

이럴 때 유용하게 사용할 수 있는 사이트가 있어요.

Vitamin Converter

Use our vitamin converter below for approximate conversion rates of vitamins.

Vitamin A

retinol (all-(E)-retinol)	mg	Calculate	IU
	mg	Calculate	mg RE
	IU	Calculate	mcg
	mcg RE	Calculate	mcg

URL : www.rfaregulatoryaffairs.com/vitamin—converter

다양한 비타민의 함량을 변환해 주는 사이트이기 때문에 유용하게 사용할 수 있을 거예요.

이제까지 살펴본 레시피를 작성할 때 주의해야 할 사항들 및 개와 고양이의 각 영양소의 요구량 등을 토대로 실질적인 레시피를 작성해 볼 수 있어요. 다음 장에서는 실질적인 레시피의 예제를 확인해 보도록 할게요.

레시피 예제

레시피 예제를 소개하기 전 확인해야 할 것들이 있어요.

먼저 이 책에 기재된 레시피는 예제일 뿐 절대적이지 않아요. 식품의 영양소 함량을 USDA 및 농진청의 자료를 통해 산출했지만, USDA나 농진청에서조차 조사되지 않은 영양소들이 있어요. 따라서 그런 영양소(예: 콜린, 아이오딘, 망간 등)의 경우 데이터의 누락으로, 계산된 총량이 실제 식품을 사용했을 때의 총량과 다를 수 있어요.

또 USDA 및 농진청의 자료라고 하더라도 조사했던 식품 자체의 함량이 모든 케이스에 적용되지 않을 수 있어요. 즉, 같은 닭이더라도 품종, 사육 기간, 사육된 환경에 따라 함유하고 있는 영양소의 양은 달라질 수 있어요. 그래서 레시피를 작성할 때 모든 영양소를 요구량의 딱 100%에 맞추게 된다면 실제로는 부족한 경우가 초래될 수 있다는 것을 염두에 둬야 해요. 따라서 이 책의 레시피 또한 이러한 추정을 기반으로 하여 작성된 예제 정도로만 활용하는 것을 권장해요.

어떤 레시피도 절대적으로 안전한 것은 없다고 생각하고 권장량의 범위 안에서 다양한 재료와 레시피를 로테이션시키며 사용하는 것이, 홈메이드 생식의 장점을 누리는 것이자 안전함을 추구하는 방법임을 잊지 마세요.

✿ 생식을 제작하는 방법

생식은 제작하는 과정이 모두 동일하므로 공통적으로 설명하도록 할게요.

HOW TO

❶ 모든 재료는 깨끗이 씻고, 육류는 해체하여 민서기에 갈릴 크기로 손질한다.

❷ 달걀은 깨서 노른자를 분리한다.

❸ 피쉬 오일을 제외한 영양제는 모두 캡슐을 까서 물과 함께 섞는다.

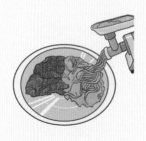

❹ 민서기에 내장을 먼저 간후 해체한 살코기 및 부분육을 모두 간다.

❺ ❸과 ❹를 잘 섞는다.

❻ 일일 급여량에 맞도록 소분한다.

닭을 세척하는 이유는 도살 과정 및 포장 과정을 거치며 붙은 불순물과 이물질, 소독제 등을 제거하기 위함이에요. 달걀은 난황만 생으로 사용해도 되고, 난황은 생으로 난백은 익혀서 함께 사용해도 돼요.

비타민B, E 등을 파우더로 사용하므로 골고루 섞기 위해 수용액을 만드는 것이 가장 좋아요. 이때 피쉬오일까지 같이 섞을 경우 오일이 제대로 섞이지 않을 가능성이 있으니, 피쉬 오일은 생식을 섞기 전 직접 생식에 짜서 섞는 것이 좋아요.

심장, 간과 같은 내장류 및 뼈를 먼저 갈고 살코기를 갈면, 혈액이 섞인 찌꺼기가 민서기에 남지 않아 깔끔하게 사용할 수 있어요.

냉동 보관한 생식은 급여 24시간 전 냉장실로 옮겨 해동 후 급여해요. 실온에서 해동할 경우 1~2시간이라도 박테리아의 생장률이 증가하기 때문이에요. 가급적 실온 해동은 하지 않는 것이 좋아요.

모든 재료를 약간 얼린 상태에서 제작하면 신선도의 유지 및 민서기 사용의 용이함에서 도움을 얻을 수 있어요.

개가 좋아하는 소고기 레시피

앞서 설명했던 대로 개는 소와 같은 육류가 부패 시 발생하는 뉴클레오티드의 향을 맡을 수 있기 때문에 소고기에 대한 기호도가 높아요. 개와 고양이에 있어 알러지율이 가장 높은 육류 또한 소고기이기는 하지만, 알러지가 없는 경우 대중적인 육류로 부위별 구입이 손쉬울 뿐만 아니라, 지방을 약간 제거하는 식으로 손질도 간편하므로 생식의 좋은 재료가 될 수 있어요.

소고기를 사용하여 생식을 만들 때는 소뼈를 사용하기는 힘들기 때문에 가금류의 뼈나 토끼와 같은 소동물의 뼈를 이용하면 좋아요. 소 이외의 다른 동물의 뼈를 사용하게 될 경우 두 가지 이상의 육류원이 섞이는 상황이기 때문에 두 재료에 모두 알러지가 없는지 확인해야 해요.

가금류의 뼈를 사용할 수 없을 때는 칼슘 보충제로 해조 칼슘, 난각 파우더, 본밀 같은 보조제를 사용할 수 있어요.

개의 경우 채소에 대한 기호도가 고양이보다는 좋기 때문에 퓌레를 사용하는 레시피로 작성했어요. 다만, 채소 퓌레로도 채워지지 않는 티아민(B1)의 보충을 위해 영양 효모를 사용하고요.

이 레시피는 5kg인 성견을 기준으로 하여 하루 300g을 급여했을 때 모든 권장량을 충족해요. 다만 라이신이 높기 때문에 자견에게는 적용할 수 없어요. 생식의 총량은 약 3,130g으로 약 10.5일 분이에요.

재료

소고기(우둔살): 2,500g

소 간: 50g

난황: 90g(6개)

채소 퓌레: 단호박 50g, 양배추 50g,
고구마 50g, 브로콜리 50g, 케일 20g,
카테지치즈 50g

물: 1컵(200mL)

난각 파우더 15~17g

(혹은 칼슘 약 6,000mg에 상응하는 칼슘 보충제)

보조제

영양효모: 1tsp

(비타민B 콤플렉스 25mg으로 대체 가능)

비타민E: 200IU

비타민D: 800IU

킬레이트 망간: 7mg

타우린: 1,000mg

아이오딘 처리된 저염 소금: 1tsp

프리바이오틱스(허스크 파우더 등): 5g

선택 보조제

비타민K   위장관에서 합성할 수 있지만 소의 경우 비타민K의 함량이 낮고

개의 비타민K 요구량은 높기 때문에 부족이 초래될 가능성이 있어요.

따라서 추가로 10mg 정도 급여해 주면 더욱 안정적인 레시피가 될 수 있어요.

5kg 개(성견 기준) 일일 급여 영양소

중량	에너지	수분	단백질	지방	탄수화물	칼슘	인	나트륨
300g	377kcal	220mL	55.7g	13.8g	3.4g	609mg	516mg	137.8mg

*수분 포함 중량 1g당 1.26㎉이므로 몸무게에 맞춘 MER을 통해 급여량 결정 가능

고양이용 레시피

닭을 이용한 레시피(닥터 피어슨 레시피의 변형)

북미의 전체주의 수의사인 Dr. 피어슨이 고안한 레시피를 기반으로 한국의 상황에 맞도록 조금 변형한 레시피예요. 그는 UC 데이비스 수의대에서 영양학 전문 과정을 이수했던 만큼 영양 균형이 잡힌 레시피를 고안하게 돼요. 이 책에서는 제가 한국의 상황과 실정에 맞도록 재료 및 구성을 조금 변형시켰어요.

일반적으로 통닭으로 판매하는 영계인 11호 닭은 손질하기 전 무게가 1,100g인 닭으로, 도축 후 무게는 1,050g이 돼요. 이 중 양다리의 끝 및 날개의 끝은 제거하고 지방이 붙어 닭의 누린내를 유발하는 꼬리의 끝을 잘라낸 후의 무게를 1,000g으로 잡아요. 간단히 손질이 끝난 닭 1,000g 중 뼈를 통닭의 17%로 추정하여 170g, 나머지 830g을 살코기 및 껍질의 무게로 가정하여 레시피를 작성했어요. 또한 껍질을 모두 사용하면, 지방의 비가 높아지면서 식감을 저하시킬 수 있기 때문에 껍질의 30g 정도는 제거하고 사용하는 레시피예요.

닭 다리 살은 안심이나 닭가슴살을 사용해도 돼요. 달걀노른자(난황)는 1개의 무게를 약 15g으로 추정하므로 2개를 사용해요. 아이오딘 처리된 테이블 샐트의 경우 브랜드마다 아이오딘의 함량이 다르기 때문에 아이오딘 함량을 기준으로 사용량을 결정하면 돼요. 이 레시피의 재료대로라면 180mg의 추가 아이오딘을 사용하게 되면 5kg인 아이가 하루 섭취하는 양을 기준으로 하여 아이오딘의 과부족 %가 120%대 후반으로 출력돼요.

이 레피시는 5kg인 고양이를 기준으로, 하루 180~185g 정도를 급여하면 모든 영양소의 권장량을 만족하게 돼요. 총량이 약 1,830g이므로 10일 정도 급여할 수 있어요.

11호 닭(총 1,050g), 뼈 무게: 170g

살코기+껍질 무게: 830g

껍질 제거: 30g

껍질이 제거된 닭 다리 살: 300g

닭 간: 120g, 닭 심장: 110g

난황: 30g

(달걀 난황 1개의 무게를 약 15g으로 추정)

물: 1.5컵(300mL)

난각 파우더: 4g(1tsp 약 5g)

비타민B 복합체: 25mg~50mg

(영양효모 10g으로 대체 가능)

비타민E: 200IU, 타우린: 1,000mg

피쉬오일(EPA/DHA 합산): 1,000 ~ 2,000mg

아이오딘 처리된 저염 소금: 아이오딘이

180~200mg 충족되는 양

허스크파우더: 1tsp

(다른 프리바이오틱스로 대체 가능)

망간 이 레시피는 망간의 권장량이 100%(추정)예요. 그러나 망간의 함량이 조사되지 않은 식품 데이터가 존재하므로 실제로는 이 함량을 넘을 수 있어요. 그래도 충분한 양의 공급을 위하여 킬레이트 망간을 약 2mg 정도 추가할 수 있어요.

비타민D 비타민D 또한 식품 데이터의 누락이 있어 실질 데이터와 차이가 있을 수 있지만, 주어진 데이터상으로 출력했을 때 총 200IU(5µg) 정도를 추가하면 더욱 안정적인 레시피가 될 수 있어요.

난각 파우더 난각 파우더는 동량의 해조칼슘으로 대체할 수 있지만 해조칼슘 4g을 사용할 경우 망간 부족이 초래될 수 있어요. 따라서 해조칼슘으로 대체할 때에는 위에서 설명한 대로 망간 보조제 2mg을 사용해 주면 좋아요.

5kg 고양이(성묘 기준) 일일 급여 영양소

중량	에너지	수분	단백질	지방	탄수화물	칼슘	인	나트륨
185g	237kcal	140mL	25.6g	14g	0.5g	635mg	515mg	198mg

*수분 포함 중량 1g당 1.28㎉이므로 몸무게에 맞춘 MER을 통해 급여량 결정 가능

✿ 난각파우더(에그쉘 레시피)

HOW TO

❶ 달걀 껍데기의 표면을 깨끗이 세척한다.

❷ 냄비에 충분한 양의 물을 넣은 후 달걀 껍데기를 베이킹소다와 함께 삶는다.(부서져도 되고, 열탕 소독은 두세 번 반복해도 됨.)

❸ 한 번 삶아 낸 달걀 껍데기를 표면이 익을 정도로만 오븐에 굽는다.(프라이팬에 기름 없이 볶거나 식품 건조기를 통해 말리기 가능.)

❹ 그라인더나 믹서기 등을 이용해 아주 곱게 간다.

❺ 방습제를 넣은 밀폐 용기에 보관한다.

위생의 안전성 높이기

🐾 홈메이드 생식의 위생적인 안전성을 높이는 방법

생식을 만들어 급여하게 되면 위생에 대해 많이 고민할 거라고 생각해요. 그래서 어떻게 하면 위생에 대한 안전성을 높일 수 있는지 그 대책들에 대해 한번 살펴보려고 해요. 지금부터 안내하는 수칙들을 최대한 지켜서 만들고, 보관한 후 급여한다면, 가정에서 확보할 수 있는 위생적인 안전성을 최고도로 높일 수 있을 거예요.

사람의 음식을 만들 때처럼 위생에 대한 안전 수칙을 지킨다 사람의 음식을 만들 때처럼 가장 신선한 재료들을 선별하여 고르고, 만들기 전까지는 냉장 보관을 하도록 해요. 그리고 육류 등을 구입하러 갈 때는 보냉팩이나 아이스팩 등을 준비해서 구입 후, 집으로 이동하는 시간에도 냉장 보관과 비슷한 상태가 되도록 유지해 주는 것이 좋아요. 만약 재료를 냉동했다면 절대로 실온에서 해동하지 말고, 냉장실에서 해동해서 사용하는 것을 추천해요. 칼, 도마와 같은 조리 도구도 소독 및 살균 후 사용하는 것이 좋아요.

생식을 제조한 후 반드시 3일 이상 냉동 후 급여한다 이와 관련되는 것은 톡소플라즈마, 근육포자충, 조충 등의 기생충이에요. 톡소플라즈마의 경우 영하 20도에서 48시간 또는 영하 10도에서 72시간이 지난 후 사멸해요. 톡소플라즈마는 고양이가 숙주가 되는 감염원인데, 개의 경우 네오스포라가 이와 비슷해요. 네오스포라의 경우도 3일 이상 냉동 상태에서 불활성화돼요. 육류뿐만 아니라 생채소 및 과일도 오염원이 될 수 있으므로, 이런 재료들은 흐르는 물에 깨끗이 세척하여 사용하도록 해요. 근육포자충은 돼지, 소, 말, 양, 사슴과 같은 다양한 동물의 근육에서 발견돼요. 감염의 정도에 따라 설사를 유발하여 탈수로 이어지기도 해요. 근육포자충 또한 -20도에서 48시간 이내에 사멸하고 그로 인한 독소 또한 불활성화돼요. 조충의 경우 단포자충, 다포자충, 테니아조충 등이 문제가 되는데 단포/다포자충은 소, 말, 양 등의 수입육류에서 발견되는 경우가 있고, 테니아조충은 쥐, 토끼, 소, 염소 등에서 다양하게 발견돼요. 조충의 종류에 따라 사멸되는 온도 및 시간이 다르기는 하지만 3일 이상 냉동하는 상황에서는 모두 사멸 및 불활성화돼요. 어류 및 갑각류를 통해 감염되는 기생충도 다양하게 존재해요. 개나 고양이에게는 간/폐 흡충류 및 조충 등이 있는데, 이런 기생충류들도 48시간 이상 냉동하게 되면 대부분 사멸 및 불활성화돼요.

따라서 생식을 제조한 후 3일 이상 냉동함으로써 최대한 기생충을 사멸시키고 독소를 불활성화시킬 수 있는 경우가 많으므로, 여유를 두고 제조하고 냉동 보관 후 급여하는 것을 추천해요.

돼지고기의 경우 60도 이상의 온도에서 익혀서 급여한다 돼지고기에서 가장 염려되는 부분은 선모충이죠. 선모충은 냉동으로 사멸시키려면 3주 이상이 걸려요. 그런데 60도 이상에서 1분 정도 조리하면 모두 사멸하기 때문에 돼지고기나 내장 등을 베이스로 하여 식이를 만들 때는 조리하는 것을 추천해요.

해산물을 급여할 때에는 횟감을 이용한다 횟감이 아닌 생선을 이용할 때에는 가열을 통해 조리하여 급여하는 것이 좋아요. 그리고 생선의 내장은 절대로 급여하지 않도록 잘 제거하는 것이 좋고요. 또, 노로 바이러스 등이 유행하는 특정한 시기에는 되도록 굴 등 관련 해산물을 급여하지 않는 것을 추천해요.

육류의 표면은 반드시 세척한다　바이러스나 세균 등은 육류의 표면에 존재하기 때문에 표면을 잘 닦아주는 것만으로도 일정 부분 제거할 수 있어요. 그리고 육류의 표면은 육류를 포장하거나 가공하는 과정에서 기계 세척을 위해 분사한 살균제가 묻기도 하기 때문에 이런 물질들을 제거하기 위해서라도 육류는 표면을 꼭 꼼꼼히 세척해 주는 것이 좋아요.

분쇄해서 판매하는 육류의 경우 되도록 사용하지 않는다　바이러스나 세균 등은 재료의 표면에서 성장하고 존재해요. 따라서 표면적이 넓어지게 되면 세균이나 바이러스의 양도 늘어난다고 봐야 해요. 세균이나 바이러스는 냉동으로 사멸되지 않기 때문에 시판되는 냉동 분쇄육을 사용하는 경우, 이런 바이러스 등을 그대로 함유하고 있기도 하고요. 게다가 또 분쇄육을 해동 후 보통 섞기 때문에 세균에 감염되어 있던 표면 부분과 세균에 감염되어 있지 않았던 안쪽 부분 모두가 감염되는 경우도 발생해요. 특히 기온이 상승하는 시기에는 이런 바이러스나 세균, 박테리아의 성장률이나 활성률도 높아지기 때문에 여름에는 사용하지 않는 것이 좋아요.

급여 후 30분 이내에 섭취할 수 있도록 하고, 이후 남은 것은 버린다　아이들이 신선도가 떨어져서 부패되었거나 냄새가 나는 육류를 알아서 먹지 않을 거로 생각해서, 먹을 때까지 두는 경우도 있는 것으로 알고 있어요. 그러나 야생에서는 사냥이 쉽지 않아 부패된 육류나 식품을 섭취하기도 하는 습성이 남아 있기 때문에, 생식이 부패되었어도 먹는 경우가 있어요. 즉, 부패한 정도를 알아서 파악하고 냄새가 나면 먹지 않는 것이 아니에요. 생육이 실온에 노출되는 즉시 박테리아의 양이 급증하기 때문에 되도록 30분 이내에 모두 섭취할 수 있도록 하고, 그 후에 남긴 것이 있다면 버리는 것이 좋아요.

NAME   엘

BIRTHDAY   2015년 6월 14일

BREED   래그돌

엘은 저의 생식 라이프에 가장 위기를 주었던 아이였어요. 6개월령 정도에 입양되어 온 엘은 캐터리에서 건사료를 섭취했었기 때문에 처음에는 습식에 적응하지 못했어요. 생식은 아예 극도로 싫어해서 '어? 고양이는 태생적으로 생식이었던 것이 아닌가?'하고 근본적인 의문을 갖게 했던 아이예요. 그러나 집에 온 지 이틀 만에 건사료와 습식사료를 모두 접고, 생식파로 접어들었어요.

엘은 정말 입맛이 까다롭고 고집이 센 아이라 생식도 내장과 뼈, 그리고 지방이 아주 곱게 갈려서 잘 섞여 있어야 먹는 아이예요. 근육 고기 자체는 덩어리져도 되지만 내장과 지방이 덩어리져 있는 건 절대로 못 참는 아이라 특히 내장과 지방을 적당하게 얼려서 민서기로 완전히 분쇄하여 골고루 섞는 것이 엘을 위한 생식의 포인트예요. 조금이라도 먹기 싫은 걸 강제로 먹게 되면 의도적으로 토출을 하는 아이라 절대로 억지로 먹이지도 못하는 아이고요. 마치 제 생식의 거울과 같은 아이라고 할 수 있어요ㅠ_ㅠ

지방은 30% 정도선에서 모든 지방이 잘게 갈려서 골고루 섞여 있어야 하고 수분은 65% 이하의 꾸덕꾸덕한 상태를 좋아하기 때문에 엘의 밥은 생식에 약간의 물을 추가하여 급여하기 전에 먼저 덜어 놓아요.

유제품을 좋아하기는 하지만 유당 불내성이 있는 아이라서 소량의 유당만으로도 무른 변을 보고, 유지를 좋아해서 삼겹살이나 항정살 같은 돼지 부위를 좋아하지만 먹고 나면 꼭 무른 변을 보는 아이예요. 똑똑한 만큼 자기가 한 번 먹고 무른 변을 본 식재료는 두 번 먹지 않는 아이라서 생식의 신선도를 확인하는 척도가 될 정도로 민감한 아이지만, 유독 돼지만큼은 끊지 못해요. 대신 안심과 같이 지방이 적은 부위는 또 싫어하고요.

또 소화가 매우 느린 아이기 때문에 생식과는 다른 형태의 식이를 추가로 급여할 때에는 10시간 이상의 텀이 필요하기도 해요.

FAQ

✈ -

Q1 같은 육류만 급여하면 문제가 될까요?
육류의 교체 주기는 어느 정도가 좋을까요?

 반려동물의 식이 구성은 추정에 근거하고 있어요. 식품의 영양 데이터는 물론이요, 구성한 레시피의 영양 함유량이나 에너지도 모두 추정이라고 할 수 있죠. 별도로 식품 성분 검사를 진행한다면 그 추정이라는 것에서 벗어나 정확한 상황을 알 수 있겠지만, 영양소마다 몇만 원씩의 검사비가 필요하기 때문에 모든 레시피를 검사 기관에 보내 검사를 요청하기는 어려운 점이 많아요.

그래서 이런 추정치로 만들어진 한 가지 레시피만을 사용하는 경우, 동일한 영양소의 과다 축적이 지속되거나 부족한 현상이 생길 수도 있어요. 이를 방지하기 위해 같은 레시피라도 영양 구성을 달리하는 과정이나 육류를 번갈아 가며 급여하는 과정이 필요해요.

알러지에 있어서도 다양한 육류 및 식재료를 사용하는 것이 이로워요. 알러지는 알러젠이라는 알러지를 유발하는 물질들이 체내에 축적이 되면 나타나기도 해요. 예를 들어 처음에 닭으로 만든 레시피를 먹였을 때는 괜찮았다가 어느 순간부터 같은 생식을 먹어도 무른 변이나 구토를 하거나 마구 긁는 등의 문제가 나타날 수 있는데, 이런 경우가 알러젠이 축적되며 나타난 알러지 현상이라고 볼 수 있어요.

그래서 보통은 2~3개월에 한 번 정도는 육류원이나 기타 재료들도 바꾸는 레시피의 교체가 필요하기도 해요. 이 정도 기간이 알러젠의 축적을 방지하고 해독하는 과정을 시작하기 위해 적합한 시간이에요.

또 고양이는 기호도 측면에서도 다양한 육류를 사용하여 레시피를 교체하는 것을 권장해요. 고양이는 매우 Picky한 동물이라 자기가 익숙하지 않은 재료에 거부감을 심하게 나타내는 경우가 있어요. 그래서 자묘 시절부터 다양한 육류에 적응을 시키게 되면 재료가 바뀌었다고 식이를 거부하는 일이 줄어들기도 해요.

미네랄 보조제를 사용하고 싶지 않아요. 어떻게 영양 균형을 맞출 수 있을까요?

미네랄 보조제를 사용하지 않고 식품으로 맞추고 싶을 때는 미네랄이 다량 함유되어 있는 식재료들을 사용하면 돼요. 대표적으로 케일이나 헴프시드 등이 다량의 미네랄을 함유하고 있는 식재료예요. 그러나 이런 재료를 다량으로 사용하기 전에 아이들의 기호도를 먼저 살펴볼 필요가 있어요.

민서기를 구입하기 전에 분쇄육을 구입해서 사용하고 싶어요. 어떨까요?

앞서 재료의 손질에 관한 챕터에서도 한번 이야기했지만, 분쇄육의 경우 신선도가 매우 떨어져요. 산소가 침투할 수 있고, 닿을 수 있는 표면적이 넓으면 넓을수록 산도가 높아진다고 보면 돼요. 생식을 제작한 후 바로 모두 소비하는 것이 아니고, 다시 냉동이나 냉장과 같은 과정을 거쳐 며칠을 두고 소비하기 때문에 되도록 신선한 육류를 사용하는 것을 추천해요. 민서기가 없어서 분쇄가 어렵다면 직접 썰어서 급여하거나 푸드 프로세서라도 이용해서 갈아서 급여하는 것이 좋아요.

뼈를 사용하지 않는 레시피로만 급여할 생각 이에요. 장복해도 문제없겠죠?

생식에 동물의 뼈와 내장을 사용하는 것은 흡수율이 좋고 퀄리티가 높은 미네랄 및 비타민을 급여할 수 있는 가장 좋은 방법이에요. 그리고 앞서 이야기했듯이 미네랄의 가장 좋은 공급원은 동물성 재료이고요.

그래서 장기적으로 뼈를 사용하지 않는 레시피를 급여하는 것은 좋은 방법이라고 할 수 없어요. 뼈가 들어가지 않는 상태를 보충하기 위해서 각종 미네랄 및 비타민 보충제가 들어가야 하는 상황인데, 육류에서 공급되는 영양소를 제외한 기타 필요한 영양소들을 보조제로만 급여하는 것은 아무래도 부정적일 수 있어요.

일반적인 보조제의 퀄리티를 우리가 어디까지 믿을 수 있는가에 대한 문제도 있지만, 합성 보조제들을 지속해서 사용했을 경우 호르몬 분비부터 기관의 변형까지 잠재적인 문제점들이 일어날 수 있기 때문이에요. 합성 영양제들을 지속해서 장복했을 때 생기는 문제점에 대해서는 현재 인간을 대상으로 연구가 이루어지고 있어요.

 살모넬라나 AI 같은 재료의 문제는 어떻게 해야 하나요.

A 생식을 만들 때는 사람의 음식을 만드는 것과 같이 위생에 신경을 써야 해요. 살모넬라도 만들 때 위생에 대해 철저히 관리한다면 생육을 다룬다는 이유로 반드시 문제가 되는 것은 아니에요.

살모넬라는 섭취하는 음식과는 상관없이 건강한 개의 36%, 고양이의 18%에서 발견되는 균이에요. 대부분의 동물은 정상적인 위장관의 세균총을 통해 이 박테리아로부터 신체를 보호하고 배설물과 타액을 통해 자연적으로 배출해요. 따라서 건강한 대부분의 개와 고양이에게 살모넬라는 큰 위험성을 가지고 있다고 보기 어려워요.

문제는 반려동물 식품을 손으로 만지는 방식으로 접촉하는 반려인들이에요. 실제로 미 FDA에 반려동물 식품에 접촉한 후 살모넬라에 감염된 반려인의 케이스가 2건 보고되었는데, 이는 모두 사료를 급여하는 반려인이었다고 해요. 생식을 급여하는 반려인의 살모넬라 감염 보고는 단 한 건도 없었다고 하고요. 즉, 사료든 생식이든 살모넬라는 조심해야 하며 급여 및 접촉에 있어 위생을 철저히 준수해야 해요.

생식을 만들 때 주방의 싱크대 및 도구들을 청결히 소독하고 재료의 세척을 꼼꼼하게 진행하며, 급여 시에도 박테리아가 번성할 수 있는 해동에 주의하고, 급여한 식기 등을 적절히 세척하고 소독하는 것으로 살모넬라 및 기타 박테리아들을 관리할 수 있어요.

AI는 가금류 급여에 가장 큰 문제점으로 대두돼요. 보통 겨울철이 시작되면 철새에서 부터 발병하여 닭, 꿩, 오리 등으로 전파돼요. 일반적으로는 AI가 발생하기 전에 미리 대량의 닭이나 오리 베이스의 생식을 제작하는 방식이나 그 기간에만 가금류가 아닌 다른 육류를 사용하는 방식을 취해요.

그러나 육계를 공급하는 대기업 등의 발언을 통하면, 닭들의 관리를 충분히 하고 있고, 매일 체온 및 분변을 검사하여 상태를 확인한 후 도축하기 때문에 대형 공급사의 닭의 경우 AI에 감염될 가능성이 적다고 해요. 또한 사실상 감염이 된 산란계 닭의 경우 달걀 생산이 되지 않는 현상 등이 나타나기 때문에 관리자 입장에서 감염을 모를 수 없다고도 하고요.

보통 생식에서 많이 사용되는 가금류 중 오리가 가장 긴 AI 잠복기를 가지고 있기 때문에 AI가 발생한 이후에는 오리의 사용은 가급적 피하는 것이 좋아요.

 Q1 생식을 시작한 후 신장 관련 마커(Cre, BUN, Phos)가 늘었어요. 중단해야 할까요?

A 단백질을 섭취하게 되면 단백질의 구성단위인 아미노산의 대사 산물로 요소 질소라는 것이 발생해요. 그런데 이 요소 질소는 동물성 단백질에 다량 함유된 메티오닌이나 시스틴, 타우린과 같은 함황 아미노산의 분해과정에서 더욱 많이 발생하게 돼요. 따라서 영양 구성단위당 단백질의 함량이 높은 식이를 급여하게 되면 이 요소 질소의 양이 많아져서 혈중 농도가 늘어나게 되는데, 이 혈중 요소 질소의 양을 측정하는 혈액 검사의 항목이 바로 BUN(Blood Urea Nitrogen)이에요. 이 수치는 절대적이지는 않지만 혈액 검사에서 신장의 상태를 파악하는 마커로써 사용되고 있고요.

고단백 식이를 급여하게 되면 BUN의 상승은 어쩔 수 없다고 봐야 할 수 있어요. 실제로 생식을 하는 아이들의 경우 영양 단위당 단백질의 함량이 높은 식이를 섭취하고 있기 때문에, 일반적으로 저~중단백질의 식이를 섭취하고 있는 아이들에 비해 BUN 및 Cre와 같은 지표가 상승하기도 해요.

또한 Cre는 근육량에 영향을 받아요. 생식을 하는 아이들의 경우 고단백이 급여되며 근육량이 증가하게 되므로 Cre의 상승 또한 있을 수 있어요.

그러나 이러한 수치들의 증가가 있다고 해서 무조건 생식을 중단해야 하는 것은 아니에요. 이런 수치들이 경계선상(그레이존)에 있다고 해도 지속해서 증가하는 것이 아니라면 괜찮아요. 생식을 하는 아이들의 경우 일반식을 하는 아이들에 비해 이 수치의 정상 범위가 훨씬 높을 수 있기 때문이죠.(수치의 정상 범위 자체가 일반 사료를 먹는 개와 고양이를 기준으로 작성되었기 때문에) 그러나 수치가 일정하지 않은 상태로 그레이존을 넘어 지속해서 증가한다면 이것은 생식과 같은 고단백을 섭취하고 이로 인해 발생된 질소 노폐물을 처리하기에 부족한 신장의 능력을 가지고 있다는 증거일 수 있어요. 따라서 생식을 중단하거나 단백질 및 인의 함량을 조절해야 할 수 있고요.

BUN이나 Cre 같은 수치들을 낮추기 위해서는 질소 노폐물들을 효과적으로 처리해주어야 해요. 이를 위해 프로바이오틱스 및 프리바이오틱스 등의 급여를 고려해 보는 것이 좋아요.

 **저희 아이는 간 수치가 증가했어요. 생식이 안 맞는 건가요?**

A 모든 영양소는 간을 통해 분해되므로 단백질이 증가된 식이를 급여한 후 간과 관련한 수치에 변동이 있는 아이들이 있어요. 애초에 간에서 고단백을 분해할 수 없는 아이들은 심할 경우 간세포의 파괴가 일어날 수도 있고요. 생식 후 정기적인 건강 검진에서 뚜렷한 원인 없이 간 수치가 지속해서 증가할 경우에는, 일단 생식을 중단하거나 단백질의 함량을 낮춘 생식을 급여한 후, 고단백에 의한 간 수치 상승이 맞는지 추이를 지켜보는 편이 좋아요.

생식 후 무른 변을 보는데 무슨 문제가 있는 걸까요?

생식 후 발생하는 무른 변은 알러지 및 불내성일 가능성이 있어요. 또는 생식 재료의 신선도 및 감염 문제로 인해 발생하는 경우도 있고, 프리바이오틱스의 과다한 사용이 원인일 수도 있어요. 단발적인 상황이 아니고 무른 변이 지속된다면 일단 생식의 급여를 중지하고 그 후 무른 변이 멎는지, 지속되는지를 확인해야 해요. 구토나 무른 변은 가벼운 증상이 아니라는 생각으로 꼭 원인을 찾아서 해결해 주는 것이 좋아요.

가끔 뼈를 넣지 않은 생식을 하는 아이들이 무른 변을 보는 경우가 있는데, 이럴 때는 뼈를 넣는 생식으로 전환하면 문제가 해결되기도 해요.

 **구토를 해요.
생식이 문제일까요?**

A 　구토는 일반적으로 대부분 질환의 전조라고 볼 수 있어요. 그래서 딱히 '생식만이 문제였을 것'이라고 지목하기는 어려워요. 따라서 구토의 일반적인 원인들을 먼저 살펴보고, 어떤 것이 문제가 되었을지 생각해 보면 좋을 것 같아요.

식이 알러지	생식에 포함된 재료에 알러지를 가지고 있을 경우 구토가 유발될 수 있어요. 이 경우 아무것도 섞지 않은 육류부터 시작해서 재료를 하나씩 추가해 나가면서 알러지 요소를 판별해야 해요.
식이 불내성	불내성은 효소의 부족으로 영양소를 소화하지 못하는 것이에요. 가장 대표적인 것이 유당 불내성이에요. 이 경우 소화가 되지 않은 형태의 생식을 토해낼 수 있어요. 알러지와 마찬가지로 기본적인 육류부터 시작해서 불내성 요소를 찾아야 해요.
수분 과다	이러한 상황은 고양이들에게서 많이 발생하는데, 생식에 수분량이 과다할 경우 이를 소화시키지 못하고 바로 토출하게 돼요. 식도에서 과다 수분을 감지하고 토해내는 것이라 소화되지 않은 생식 덩어리를 그대로 토해 내요. 이 경우가 의심되는 상황이라면 생식에 수분 추가를 하지 않거나 양을 조절해서 급여해 봐야 해요.
과다 섭취	이전에 섭취했던 것이 전부 소화되지 않은 상태에서 새로운 식이가 섭취되었을 경우 발생해요. 개와 고양이의 소화기는 인간과 같이 수직이 아닌 수평 구조이기 때문에 과량 섭취된 식이가 괄약근 아래쪽을 건드리게 되면 소화되지 않은 음식물을 토해내게 돼요.

공복 구토	공복 구토는 제한 급식을 하는 아이들에게서 나타나요. 식이 시간이 정해지게 되면 그에 맞춰 위산 및 담즙산이 방출돼요. 이때 맞춰 음식이 급여되지 않으면 산이 소화시킬 것이 없기 때문에 신체는 자극을 피하기 위해 일부 위산을 구토를 통해서 배출하게 돼요. 공복 구토는 보통 하얀 거품 및 노란 담즙산이 함께 나타나요. 공복 구토가 의심될 때에는 되도록 밥시간을 지키고, 만약 늦거나 조정이 필요한 상황이라면 미리 간식류를 약간 급여해 주는 것이 좋아요.
소화 효소 부족	음식을 소화시키기에 충분한 양의 소화 효소가 분비되지 않는 경우에도 흡수 및 소화되지 않은 음식물들이 역류하여 구토가 발생할 수 있어요. 이럴 경우 판크레아틴(췌장 분비 효소)이나 기타 효소들을 급여해 주면 도움이 될 수 있어요.
빠른 섭취	거의 흡입하듯 섭취하는 아이들에게서 자주 발생해요. 구토라기보다는 토출이라고 해야 해요. 음식물이 전혀 소화되지 않은 상태로 배출되거든요. 만약 다묘나 다견 가정일 경우에는 아이들이 분리되어 섭취할 수 있도록 음식을 개별 그릇에 덜어주고, 서로 영향을 받지 않도록 분리해서 급여할 필요가 있어요. 다묘나 다견이 아닌데도 빠르게 섭취한 후 토출을 보인다면 천천히 섭취할 수 있는 장치를 두는 것이 좋아요. 아이스 트레이에 식이를 나눠서 담아 주거나 노즈 워크용 식이 볼에 담아 주는 것도 좋은 해결책이 될 수 있을 거예요.
헤어볼 구토	헤어볼 구토는 고양이에게만 해당하는 것이라 볼 수 있겠죠? 그루밍하며 섭취한 헤어볼을 식이와 함께 토해내는 경우예요. 이럴 때는 헤어볼 컨트롤러를 급여하거나 슬리퍼리 엘름바크 및 허스크 파우더와 같이 헤어볼 배출에 도움이 되는 보조제들을 사용하는 것을 추천해요.
이물질 구토	구토의 원인 중 많은 부분을 차지하는 것일 수 있겠죠. 특히 이식증이 있는 아이들이 있다면 아이들이 섭취할 수 있는 끈이나 고무 밴드, 비닐 등의 이물질을 관리해야 할 필요가 있어요. 구토 시 이물질을 같이 토해내면 좋겠지만 일부만 토출했을 가능성도 있으므로 아이의 상태를 면밀히 관찰해야 해요. 만약 잔여 이물질이 장내에 있다고 판단되는 경우 내원하여 방사선 및 조영술 등을 통해 확인해야 할 필요성도 있어요.
중독	생식을 섭취하는 경우에는 드물기는 하겠지만, 식이 속에 함유된 특정한 독성 물질에 지속해서 노출되어 중독 증상을 보이며 구토하는 경우도 있어요. 고양이는 백합과나 안개꽃과 같은 식물에 노출되는 것으로도 중독 증상을 보일 수 있으므로, 안전성이 입증된 식물 이외에는 접촉하지 못하도록 조심해야 해요.

 뼈가 들어간 생식 후 변 색이 하얗게
바뀌었어요.

A 생식을 하게 되면 단백질의 흡수율이 높아지기 때문에 사실상 배출되는 영양소가 거의 남는 게 없다고 보면 돼요. 그러다 보니 대변에 모이는 게 우리가 흔히 회분이라고 이야기하는 무기질(칼슘 포함), 백악질, 화이버 같은 것들만 남게돼요.

회분이나 백악질, 생각만 해도 색이 어떤가요? 흰색이나 미색이 떠오르죠? 그래서 대변의 색이 바뀌는 거예요. 생식의 흡수율을 생각했을 때 조금 파삭하고 색이 창백해지는 것이 정상이에요.

Q6 생식 후 명현(디톡스) 현상으로 보이는 증세들이 나타나요.

A 먼저 명현이라는 현상은 증명된 바가 없다는 것부터 이야기할게요. 원래 이 '명현'이라는 단어는 과거 인의의 매독 치료 과정에서 만들어진 것이에요. 매독이 치료되기 직전 환자들의 상태가 일시적으로 매우 나빠졌다가 호전되는 상황을 지칭하는 단어였어요. 이것이 현대에 이르러 디톡스의 개념과 맞물리면서 '몸의 독소가 배출되면서 나타나는 증상'을 지칭하는 단어로 인식되었어요.

그러나 실제 신체가 정화되는 과정에서 명현이라는 현상이 일어나는지는 과학 및 의학적으로 증명되지 않았어요. 처음 생식을 급여하게 되면, 이전과 다른 식이를 섭취하게 되면서 나타나는 역반응들이 있을 수 있어요.

그러나 이것이 지속된다면 이것은 생식이 맞지 않거나 생식을 구성하고 있는 재료에 문제가 있는 것으로 해석해야 하지, 단순히 명현이라는 현상으로 치부하고 간과해서는 안 돼요. 또 실제 신체가 정화되는 과정에서 나타나는 역반응이 있다면 이런 현상은 오래 지속되지 않아요. 1개월, 3개월씩 무른 변을 보고 소양감으로 벅벅 긁는 아이를 단순히 '명현 현상을 겪는 거다, 좋아지고 있다는 반증이다'라며 억지로 생식을 감행하지 마세요. 이럴 때는 한 번쯤 내 아이의 상태에 대해 면밀히 파악하고 생식을 중단하거나 재료들을 점검해야 할 필요성이 있어요.

저희 아이는 중대형견이라 민서기를 사용하여 갈지 않고 통육과 통뼈를 급여하려 해요. 문제없겠죠?

식이의 재료로서 뼈를 급여하는 가장 좋은 방법은 민서기를 통해 갈거나 망치로 잘게 부수는 거예요. 아무래도 음식은 소화 효소가 닿는 표면적이 넓으면 넓을수록 소화 및 흡수가 용이해져요. 특히 뼈와 같이 미네랄이 다량 함유되어 있는 재료의 경우 소화가 더딜 수 있기 때문에, 소화가 용이할 수 있는 형태로 급여하는 것이 좋아요. 통육도 소화나 흡수 면에서 통뼈와 비슷하다고 보면 되고요.

중대형견들은 몸이 성장하는 만큼 위장관의 길이가 비례해서 커지지 못하기 때문에(위장관의 길이가 늘어나는 데에는 한계가 있음) 소형견들에 비해 식품의 소화 흡수율이 낮고, 위장관 문제가 발생할 확률이 더 높아요. 따라서 소화 및 흡수를 도울 수 있는 형태로 식이를 급여하는 것이 좋아요.

간혹 저작 문제 및 치아 문제로 생뼈를 급여하려는 경우가 있는데, 이럴 때 조심하는 것이 좋아요. 동물 치아 전문 병원에 내원하는 아이들 중 많은 수가 치아 파절로 인한 것이라는 통계가 있고, 이 아이들 중 많은 부분이 생식 시 뼈 섭취로 인해 문제가 발생했다는 보고도 있어요. 겉으로 파절까지 일어나지는 않았어도 엑스레이나 정밀 검사를 통해 살펴보면 치아 표면에 실금이 생긴 경우도 많다고 해요. 그리고 닭과 같은 가금류의 뼈는 세로로 길게 찢기는 형태이기 때문에 표면이 날카롭게 잘려요. 이런 뼈가 장내를 통과하면서 미세하게 장벽을 긁을 가능성도 높아요. 이런 뼈들이 빠르게 소화되지 않고 장내에 가로로 길게 누워있으면 그만큼 장벽에 닿을 위험 시간도 늘어나게 되는 것이고요.

저작을 통한 스트레스 해소나 치아 건강을 위해 생뼈를 급여하고 싶다면 닭의 목뼈 등의 끝이 둥글게 처리된 RMB류를 사람이 보는 앞에서 급여하거나, 놀이용으로 나온 레크리에이션 뼈를 사용하는 것이 좋아요. 또 저작용으로 나온 귀나 연골류 등을 급여하는 방법을 사용하는 것을 권장해요.

MER계산 공식을 사용하여 급여량을 정했는데 살이 쪄요 / 빠져요.

A 물론 급여량 계산 공식이라는 것이 수많은 데이터를 모아 평균적인 양을 정한 것이지만, 모든 아이에게는 개체차라는 것이 있어요. 대부분의 아이들에게 이런 공식이 맞을 수 있겠지만, 내 아이에게는 맞지 않을 수 있다는 거예요. 그러니 공식에 의해 급여량을 정했음에도 아이가 살이 찌거나 빠지는 등의 문제가 나타난다면, 서서히 급여량을 줄이거나 늘리며 몸무게의 변화를 살펴보고 내 아이에게 맞는 적정 칼로리를 찾아야 할 수 있어요.

또 앞서 이야기한 바와 같이 식품의 영양 정보도 모든 식품이 다 같은 것이 아니고, 과거의 식품보다 현재 식품이 토양이나 성장 환경의 문제로 더 낮은 영양 가치를 포함하고 있을 수도 있고요. 따라서 무엇이든 절대적인 것은 없다고 생각하고, 내 아이에게 맞춘 최적의 상태를 찾아내는 것에 생식의 포커스를 맞추는 것이 좋아요.

생식을 급여한 후 자발적 음수량이 0이 되었어요. 물을 마시지 않으니 너무 걱정스러워요.

동물은 식이의 수분이 68% 이상만 함유되어 있어도 체내의 수분 밸런스를 유지할 수 있어요. 보통의 생식은 70~80%에 가까운 수분 함량을 보이기 때문에 체내 수분 밸런스를 유지하기에 충분한 양의 수분이 공급돼요. 그래서 생식 후에 자발적 음수량이 줄어들거나 아예 물을 따로 마시지 않는 아이들이 있는데, 크게 걱정할 상태는 아니에요.

그러나 생식을 한다고 해서 동물들이 필요한 모든 음수량이 확보되는 것은 아니기 때문에 되도록 자발적 음수가 있을 수 있도록 독려해 주는 것이 좋아요. 물을 따뜻하게 해서 급여한다거나 재질이 다른 여러 종류의 그릇에 다양한 종류의 물을 담아 급여하는 식으로 자발적으로 음수 할 수 있도록 도와주세요.

수분 부족은 동물의 신장, 췌장, 심장 등 각 기관과도 연관되어 많은 문제들을 야기시킬 수 있는 요소이므로 관심을 가지고 관리해야 해요.

 영양제를 생식에 섞지 않고 만든 후, 먹을 때
급여하고 싶어요. 어떤 방법이 좋을까요?

A HPDs의 가장 중요한 점은 영양의 밸런스 및 필요한 영양소의 충분한 공급이
지만 이것이 매일 지켜져야 하는 것은 아니에요. 전체적으로 만드는 생식이 2
주 치면 2주 치씩, 한 달 치면 한 달 치씩 만드는 기간에 따라 영양분이 문제없이 급여되
어 특정한 영양소의 부족이나 과다가 장기간 지속되지 않도록 관리해 주면 돼요.

영양제를 생식에 섞지 않고 따로 급여하는 가장 간단한 방법은 건강 분말을 만드는
거예요. 생식에 사용할 보조제들을 육류에 섞지 않고 따로 파우더 형태로 만들어 생식
급여 시 그때마다 뿌려주거나 양이 너무 소량이라 매일 급여하기에 소분이 불가능하다
면 3~4일에 한 번씩이라도 정량을 급여하면 돼요.

보조제 특유의 향 때문에 생식에 섞어 급여하기 어렵다면, 따로 캡슐에 넣어서 식사
전이나 후에 급여하는 것 또한 좋은 방법이 될 수 있어요.

Q5 본격적으로 생식을 시작하기 전에 사료와
같이 급여하고 싶어요. 괜찮을까요?

A 　상업용 건사료는 일반적으로 고단백이라고 할지라도 20% 이상의 탄수화물을
함유하고 있어요. 생식은 일부러 퓌레 등의 비율을 높이지 않는다면 탄수화물
의 함량이 1% 이하로 떨어지기도 하고요.

　그런데 이렇게 식이의 탄수화물, 단백질 및 지방의 비율이 다르면 소화되는 환경 또한
달라요. 보통 동물성 단백질을 제대로 소화하기 위해 위의 pH가 2 정도가 되어야 하는
데, 탄수화물을 제대로 소화하기 위해서는 이것보다는 높은 pH 4~5 정도가 적당해요.
그러다 보니 생식과 건사료를 병행할 시에는 이 pH를 적절히 스위치 할 수 있을 정도의
시간이 필요해요. 따라서 적절한 시간의 간격을 두고 건사료와 생식을 병행하는 것에는
문제가 없지만, 동시 급여는 피하는 것이 좋아요.

금식이 건강에 도움을 준다고 하던데 주기적으로 굶기는 것이 좋을까요?

A   금식의 경우 자연주의 수의학자들을 중심으로 장을 쉬게 하고 노폐물들을 배설하는 자연요법 중 하나로 권장되기도 해요. 면역의 대부분이 장에 밀집 되어 있고, 위장관은 음식물의 소화 및 대사를 위해 쉬지 않고 일을 하며 스트레스를 받기 때문에 위장관을 쉴 수 있게 하는 아주 자연스러운 방법이라는 거죠.

  금식은 보통 건강한 동물을 기준으로 하여 월 1회~4회 정도를 주기적으로 시행해 요. 그렇다고 하루 종일 굶기는 것은 아니고, 아침저녁으로 하루 2끼를 먹고 있는 동 물을 기준으로 저녁 1끼를 급여하지 않는 방법을 사용해요.

  금식의 기간이라고 해서 무조건 먹이지 않는 것은 아니고, 본브로스나 채소 주스 등 으로 수분 공급이 충분히 될 수 있도록 도와주어야 해요. 그리고 금식이 끝나고 다시 섭 식을 시작할 때에는 되도록 부드러운 형태의 식이를 따뜻하게 급여하는 것이 좋아요.

  1일 1식 하는 개의 경우 24시간을 기점으로 식이를 섭취하기 때문에 매일 절식의 효과를 가진다고 볼 수 있으므로 따로 절식하는 날을 정하지 않아도 돼요. 또한, 원래 식욕이 저하되어 있는 상태, 당뇨병과 같은 내분비계 질환이나 순환계 질환을 앓는 동물에게는 금식을 적용할 수 없어요.

고양이는 48시간 이상 금식하게 되면 지방간이 발병해요. 평소보다 적게 섭취하는 것이 2주 이상 지속되었을 때에도 지방간이 발병하고요. 따라서 금식 후 식욕이 바로 회복되지 않는 아이들의 경우는 금식을 적용할 수 없어요. 또한, 비만인 고양이들이 절식하게 되면 정상 체중인 고양이에 비해 지방간의 발병 위험이 높기 때문에 금식을 시행하지 않는 것이 좋아요.

Q7 저희 아이는 생식을 먹은 후 3~4시간이 지난 후 구토를 해도 생식이 하나도 소화되지 않은 상태로 나와요. 생식을 소화시키지 못하는 건가요?

A 음식물이 입에서 식도를 거쳐 위에 도착하는 것은 수 '초'라고 할 정도로 짧은 시간 동안 일어나지만, 그 후 위에서 머무르는 시간이 길어요. 특히 생식은 화식에 비해 흡수율은 높지만 소화율은 낮기 때문에 소화에 걸리는 시간이 더 길어져요. 개는 음식물이 위에서 배출되는 반감기가 72분~240분, 고양이는 빠르면 22~25분에서 최장 449분까지 걸려요. 이게 위 내용물의 반이 배출되는 시간이기 때문에 섭취한 음식물 전부가 위에서 배출되는 시간은 두 배가 되겠죠?

이렇게 위에서 배출된 음식물이 소장에 도착해서 대장으로 배출되기까지 걸리는 시간은, 개의 경우 180~300분, 고양이의 경우 135~183분이에요. 그리고 위 배출 시간 및 소장의 배출 시간은 비례하기 때문에 위 배출 시간이 긴 식이 타입일수록 소장에서의 배출 시간도 길어지게 돼요.

보통 여기까지 과정에서의 음식물이나 유미즙이 구토로 이어지기 때문에 소화가 느린 생식의 경우 3~4시간이 지난 후에도 소화되지 않은 상태의 음식물이 나올 수 있어요. 따라서 밥을 먹은 뒤 일정 시간까지는 구토를 유발할 정도의 격한 운동이나 기타 약물의 주입 등은 피하는 것이 좋아요.

각 식품은 그 식품을 소화하기 위한 소화 효소도 함유하고 있어요. 그리고 생식은 이런 효소들을 유지하여 급여할 수 있는 식이 타입이기 때문에 생식으로 제공되는 식품의 소화 효소가 부족한 일은 거의 없어요. 따라서 생식 급여 후 소화 시간이 길어졌다고 섣불리 소화 효소의 급여를 고려하기보다 자연스러운 현상이라는 인식이 필요해요.

————● 지금까지 생식을 시도하며 찾아오게 되는 문제들과 의문점들, 그리고 그에 대한 원인과 해결법까지 살펴보았어요. 어땠나요? 그동안 생식을 시작하기 전 혹은 막 시작한 후 막연하게 가지고 있던 의문점들이 많이 해소되었을까요?

생식을 시작하거나 운영하면서 또 다른 어려운 점이나 문제점이 발생했을 때는 언제나 저에게 문의해도 좋아요. 저는 언제나 같은 자리에서 여러분을 응원하고 있을 테니까요.

여정을 마무리하며

　처음에 출간 제의를 받고, 많은 분들께 제 생식 이야기를 할 수 있다는 생각에 두근거렸던 기억이 나네요. 책을 쓰던 중간중간 그때의 마음을 상기하며 정말 도움이 될 수 있는 책을 만들고 싶다는 다짐을 되새기기도 했고요.

　생식에 앞서 가볍게 읽을 수 있는 책을 만들고자 했던 처음 의도와는 달리, 갈수록 더 많은 내용이 추가되었고 절대 가볍게 읽을 수 없는 책이 되고 말았지만, 부디 여러분의 길고 긴 생식 여정의 출발에 길라잡이가 될 수 있었으면 좋겠어요.

　어쩌면 끝맺음의 말이 책을 읽고 생식을 시도하려는 분들에게는 시작을 의미할지도 모르겠어요. 저는 오랜 기간 생식에 대한 원고를 집필하며 그동안의 제 생식 제작 과정을 되짚어 볼 수 있었고, 아이들의 밥 한 그릇이 가지는 그 무거운 책임감에 대해 다시금 느끼기도 했어요.

　제가 이러한 마음을 다시 한번 가질 수 있었던 건, 온라인상에서 제 이야기에 귀 기울여 주시고, 늘 지지해 주신 여러분 덕이라고 생각하고 있어요. 온라

인에서 길게, 그리고 자세히 하지 못했던 많은 이야기들이 이 책을 통해 조금이라도 해소되기를 바라요.

　저는 어쩌면 저희 아이들의 평생을 두고 진행해야 할 생식에 하나의 터닝 포인트를 맞이한 것 같아요. 또다시 같은 자리에서 열심히 저희 아이들의 밥, 개와 고양이의 영양학 등에 대해 알아갈 힘이 생긴 것 같아요. 부디 이 책을 끝까지 읽어왔고 곧 덮을 여러분에게도 같은 마음이 샘솟기를 바랄게요.

　저는 이제부터 생식을 조금 간편하게 만들 수 있도록 다양한 식재료의 영양소 함유량이 기입된 엑셀 프로그램을 만들 계획을 가지고 있어요. 지금까지 책을 읽어오며 얼추 가닥은 잡았지만, 식품을 어떻게 구성해야 영양소 요구량을 충족할 수 있을까 궁금한 분들도 이용할 수 있도록 배포할 예정이에요. 훌륭한 프로그램을 들고 다시 여러분을 만날 수 있도록 열심히 노력할게요. 즐거운 마음으로 기대해 주세요.

　긴 여정을 함께해 주신 여러분, 감사합니다.

memo

소문난 생식 맛집의 비법 공유서